“十四五”职业教育国家规划教材配套教材
“十三五”职业教育国家规划教材

工程制图习题集（机械类用）

第 3 版

主　编　李俊武
副主编　黄向裕　黄健龙　严火松　周书兴
参　编　郑任贤　张海霞　谭友香　叶贵清

机 械 工 业 出 版 社

本书与李俊武主编的《工程制图（机械类用）》（第3版）配套使用。

本书是在总结各学院多年工程制图与CAD绘图教学改革经验和成果的基础上编写而成。本书的编排顺序与配套教材一致，其内容重在实用与创新的训练，在满足教学基本要求的前提下，习题的数量有一定余量，可供师生根据教学实际情况选用。

为了加强手工和CAD绘图综合技能训练，掌握基本知识，适应各专业职业技术能力要求和适应现代企业对人才的要求，在编排工程制图系列习题的同时，也有独立的章节编排CAD绘图的练习与实践。为提高教学效果，本书采用双色印刷。

本书适用于工科类高等职业院校、应用型本科院校、独立学院的机械类和近机械类各专业，可供各工科院校、电视大学和函授大学的相关专业使用。

本书配有《工程制图习题指导系统》，在《工程制图习题指导系统》中包含习题、习题分析、习题解答步骤和三维模型等内容，可供教师组织教学和辅导，帮助学生自学，指导学生完成作业。

图书在版编目（CIP）数据

工程制图习题集：机械类用/李俊武主编. —3版. —北京：机械工业出版社，2017.6（2024.9重印）

“十二五”职业教育国家规划教材配套教材　普通高等教育“十一五”国家级规划教材配套教材

ISBN 978-7-111-56894-0

Ⅰ.①工…　Ⅱ.①李…　Ⅲ.①工程制图-高等职业教育-习题集　Ⅳ.①TB23-44

中国版本图书馆CIP数据核字（2017）第112183号

机械工业出版社（北京市百万庄大街22号　邮政编码100037）
策划编辑：赵志鹏　责任编辑：赵志鹏　责任校对：张征
封面设计：鞠　杨　责任印制：刘　媛
涿州市般润文化传播有限公司印刷
2024年9月第3版第5次印刷
260mm×184mm · 14印张 · 170千字
标准书号：ISBN 978-7-111-56894-0
定价：45.00元

电话服务　　网络服务
客服电话：010-88361066　机　工　官　网：www.cmpbook.com
010-88379833　机　工　官　博：weibo.com/cmp1952
010-68326294　金　书　网：www.golden-book.com

机工教育服务网：www.cmpedu.com

第3版前言

本书与李俊武主编的《工程制图（机械类用）》（第3版）教材配套使用。它是根据职业教育特点，以能力培养为基础，重在应用与创新，在总结各学院多年来工程制图课程和CAD绘图教学改革经验和成果的基础上编写的。本书的指导思想是以培养学生空间思维能力为核心，以学生的工程设计表达能力和分析应用能力为目标，以尺规绘图、徒手绘制草图和CAD绘图为基础，强化绘图与读图能力。

书中工程制图的选题原则是着重提高学生的分析应用能力和创新能力，CAD部分的选题原则是重在实用与技能训练。

本书具有以下特点：

1. 编排了系统的工程制图练习题，体现了以工程制图、徒手绘图和CAD绘图内容为基础的训练；在习题编排上体现由浅入深，由易到难，循序渐进，符合教学规律。

2. 遵循从三维立体到二维图形的认识规律，安排了CAD绘制三维图的练习，习题解答和PPT中配有三维立体模型，增强学生对工程上常见几何立体的感性认识，使学生更好地掌握三维立体和二维投影之间的内在联系与规律。

3. 为了培养学生CAD绘图能力，在CAD习题编排理念上，强调以绘图的实际应用为目的。本书有独立单元安排了CAD绘图练习，从CAD基础知识、平面二维图的绘制、三维立体的绘制到零件图、装配图的画法，形成训练系统。同时，书中安排了CAD三维绘图，并与工程制图的绘图与读图紧密联系，提高了学生绘图与读图能力。

4. 本书配备有《工程制图习题指导系统》。在该系统中包含习题、习题分析、习题解答步骤和三维模型等内容。该系统为开放类型，教师可根据本校的教学需要进行修改，达到因材施教的目的，同时为教师组织习题课、课后辅导提供了支持，并有效地帮助学生完成作业。

5. 本书采用黑色和蓝色双色印刷，更有利于教学，方便教师批阅作业。

参加本书编写的有：广东技术师范学院天河学院郑任贤（编写第1章），武汉船舶职业技术学院张海霞（编写第2、7章），广东技术师范学院天河学院李俊武（编写第3、5、8章），湖南娄底职业技术学院谭友香（编写第4章），山西机电职业技术学院黄向裕（编写第6章），广东技术师范学院天河学院黄健龙（编写第9章），广东技术师范学院天河学院周书兴（编写第11章），扬州工业职业技术学院叶贵清（编写第10章），广东富华机械有限公司严火松（编写第12章）。

本书由李俊武任主编，黄向裕、黄健龙、严火松、周书兴任副主编。

本书参考了一些国内同类著作，在此特向有关作者致谢！

由于我们水平所限，书中难免存在不足之处，恳请读者批评指正。

编　者

目　录

第 1 章　工程制图的基本知识

图线练习　1-1　在指定位置上，按示例作图

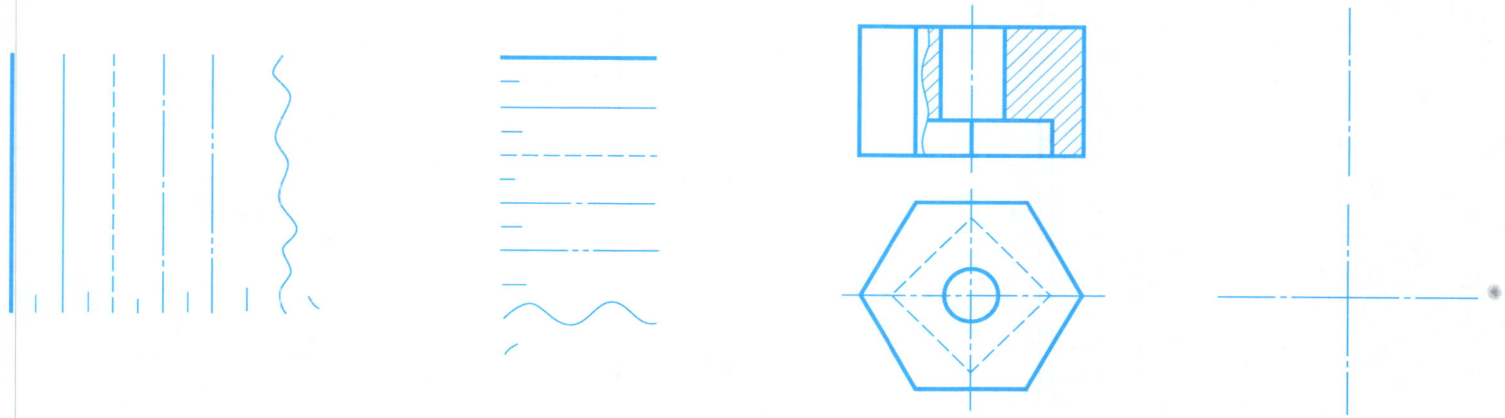

图线练习　1-2　按左图中的尺寸，用 1∶1 的比例在右边图框中绘制图形，并标注尺寸

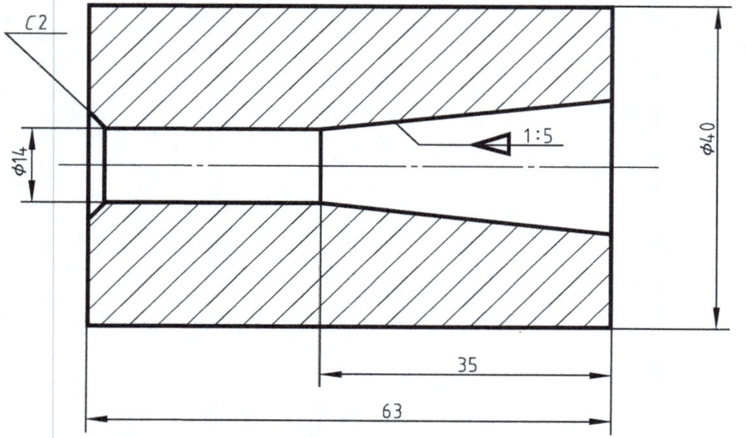

几何作图 1-3 采用 A3 图，按比例 2：1 绘制下面扳手零件图

作业指导：首先画出中心线，布好图，要使图形与图框之间的距离大致相等；按已知线段、中间线段、连接线段的顺序绘制图形。

绘制过程：画底图（用 2H 铅笔）-检查修改-加粗中心线（用 HB 铅笔）-加粗粗实线（画直线用 B 铅笔、画圆用 2B 铅笔）-标注尺寸（用 HB 或 H 铅笔）。

注意事项：绘图时，按照下图中的尺寸绘图，在三角板或丁字尺上直接量取（单位为 mm），不要按下图中的图长量取。

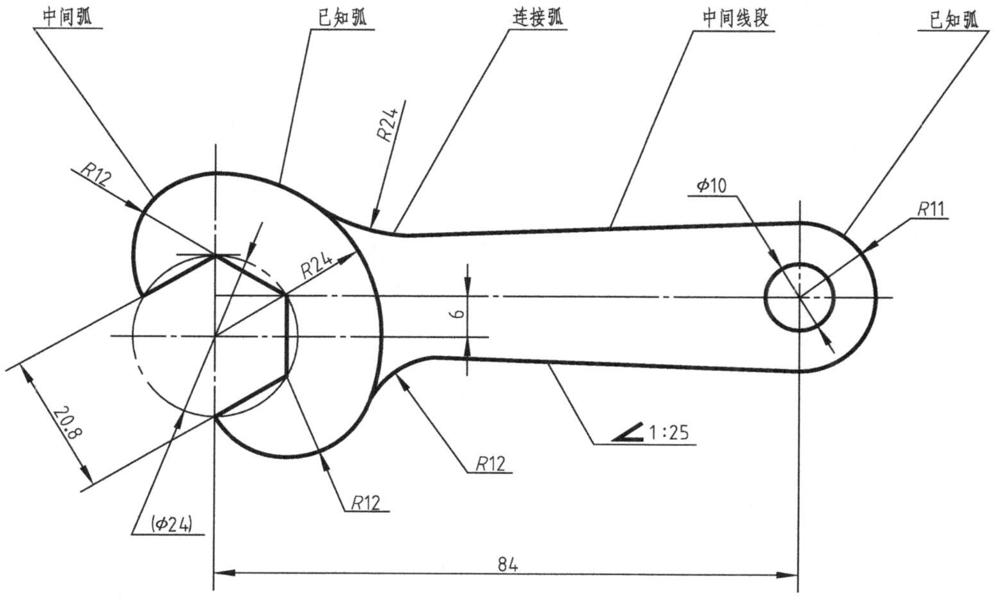

尺寸注法　1-4　指出左图中尺寸标注的错误，将正确的尺寸标注在右图上

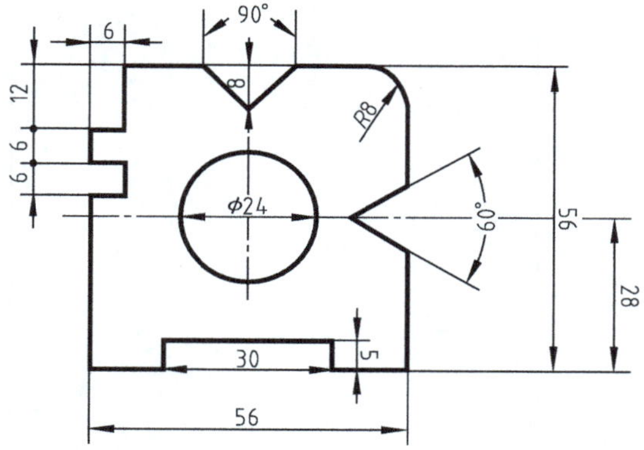

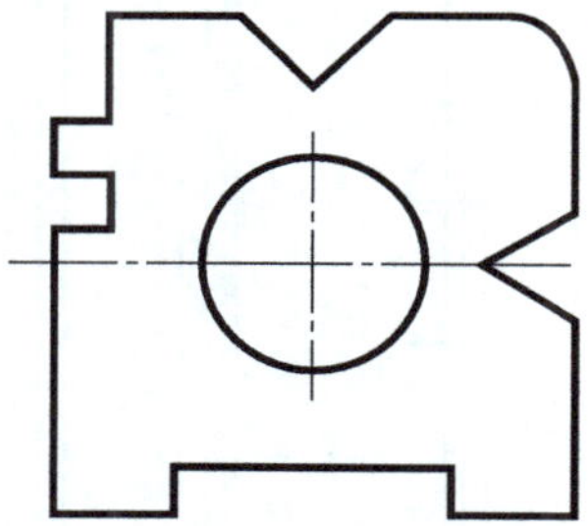

尺寸注法　1-5　标注下列各平面图形的尺寸（按 1：1 量取并取整数）

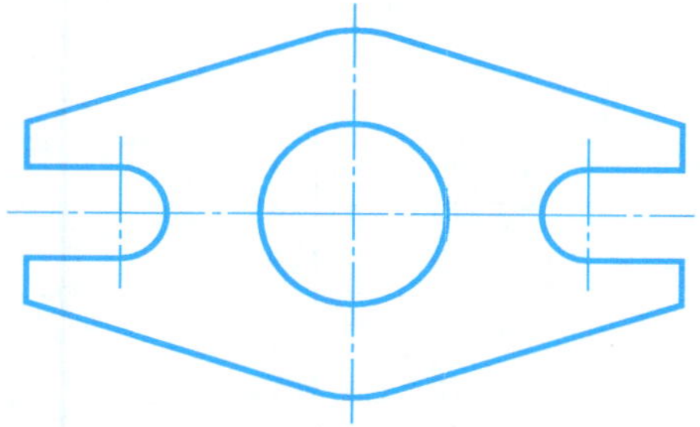

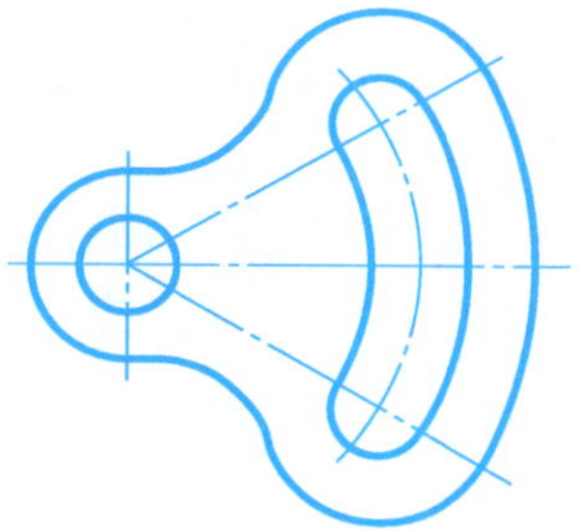

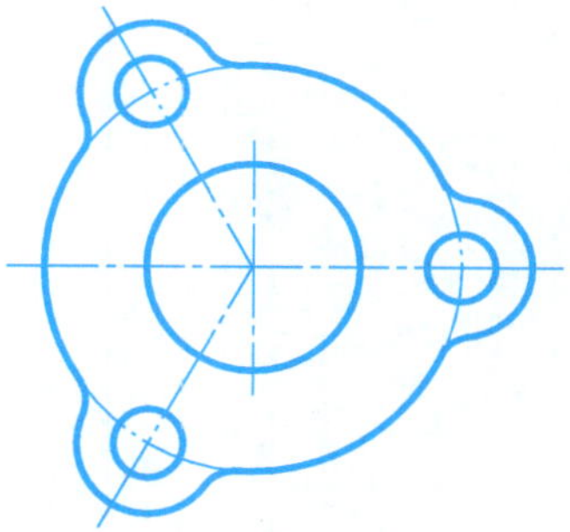

班级：　　　　姓名：　　　　学号：　　　　审核：

线段连接　1-6　完成下列图形的线段连接，比例 1∶1，保留作图线

1.

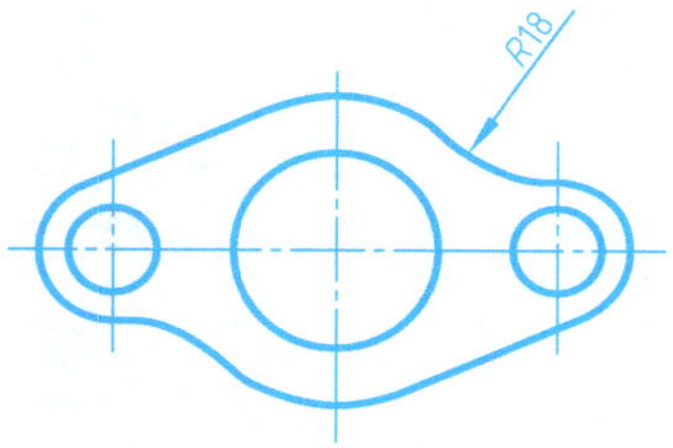

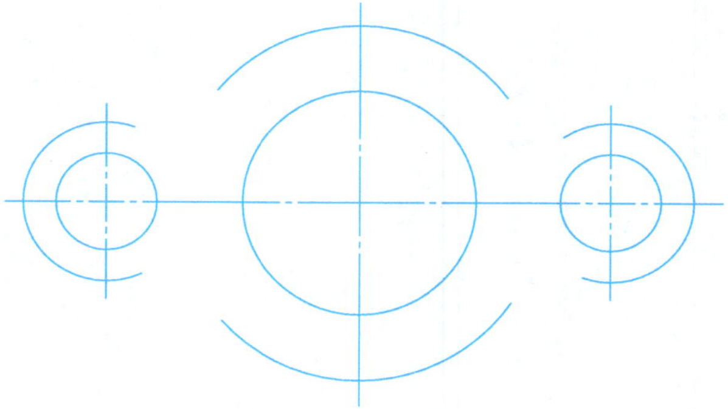

2.

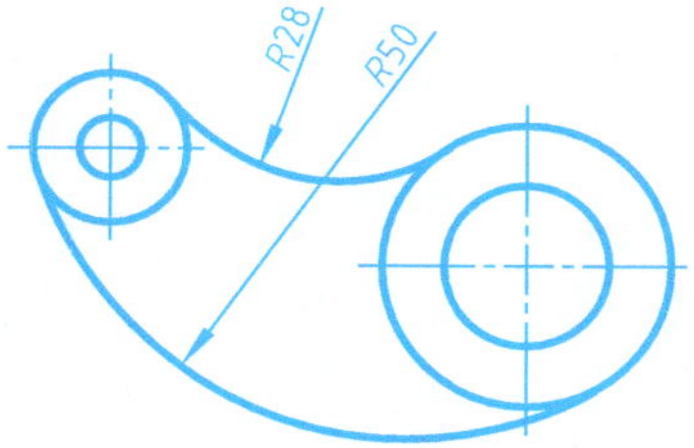

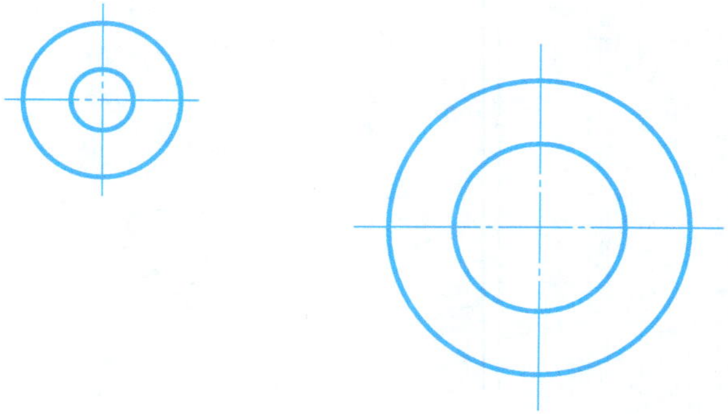

班级：　　姓名：　　学号：　　审核：

线段连接　1-7　按图中给出的尺寸，用 1∶1 的比例，在右框位置画出图形

1.

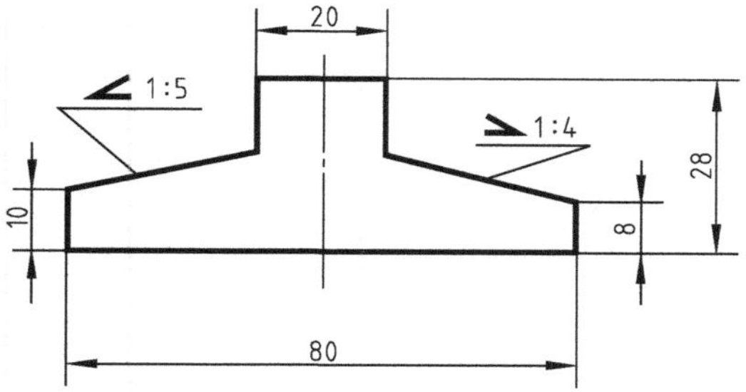

2.

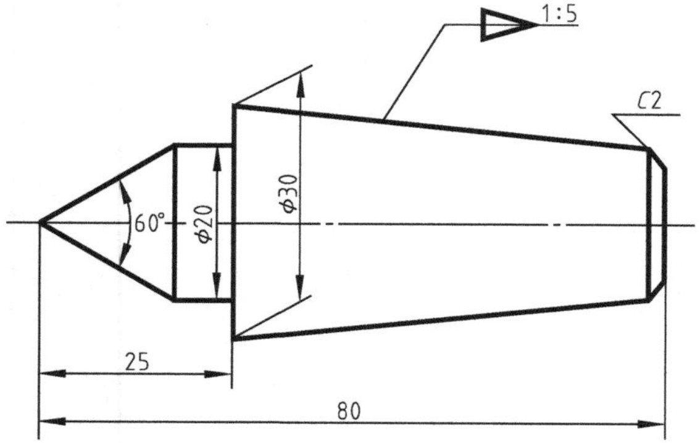

班级：　　姓名：　　学号：　　审核：

作业指导：绘制平面图形

一、作业目的

1. 熟悉平面图形的绘制方法及尺寸标注方法。

2. 掌握各种线型的应用。

二、内容与要求

1. 由教师指定绘图的内容，标注尺寸。

2. 用 A3 图纸，比例自定。

三、作图步骤

1. 分析图形中的尺寸及线段性质。决定作图步骤。

2. 画底图（用 2H 或 H 铅笔）。

（1）画图框及标题栏；

（2）布图：画图形的基准线，对称线及圆的中心线；

（3）按已知线段、中间线段、连接线段的顺序，画出图形；

（4）标注尺寸（用 HB 铅笔）。

3. 检查底图。

4. 加深图线：先用 HB 或 H 铅笔加深中心线、虚线及细实线，再用 2B 铅芯加深粗实线圆，用 B 铅笔加深粗实线。

5. 填写标题栏。

四、注意事项

1. 布图要考虑标注尺寸的位置。

2. 画底图时，作图要轻而准确。

3. 加深时要细心，按“先粗后细，先曲后直，先水平后垂直、倾斜”的顺序加深。

4. 中心线超出轮廓线 3~5mm，不要画得太长。尺寸箭头不要画得太大或太小。

班级：　　姓名：　　学号：　　审核：

1.

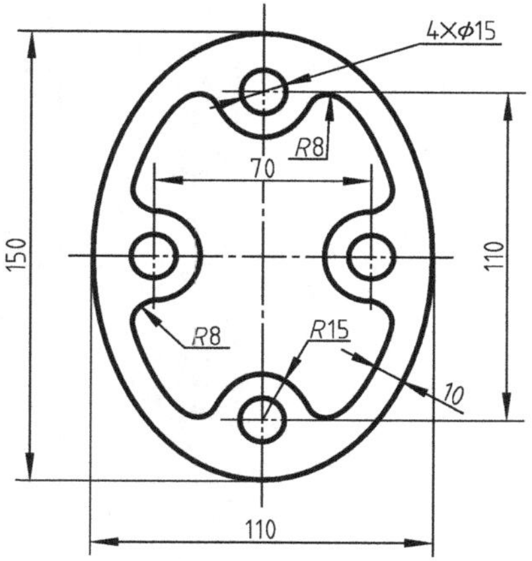
4×ϕ15
R8
70
150
110
R8
R15
10
110

2.

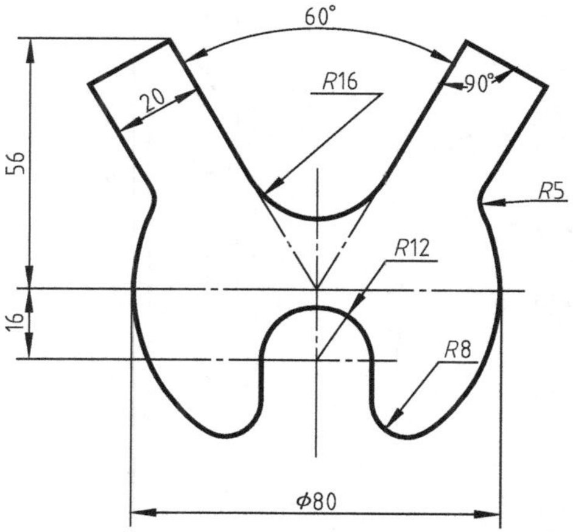
60°
R16
20
90°
56
R5
R12
16
R8
ϕ80

3.

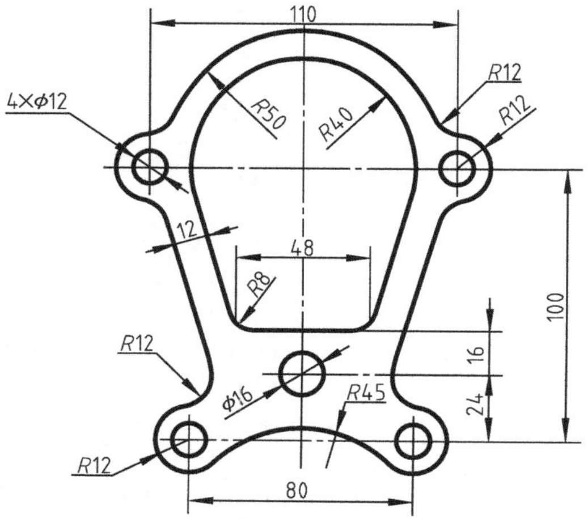
110
R12
4×ϕ12
R50
R40
R12
12
48
R8
100
R12
16
ϕ16
R45
24
R12
80

4.

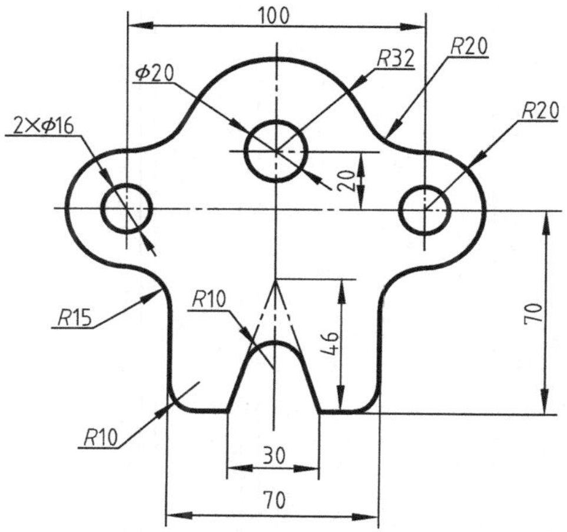
100
R20
ϕ20
R32
R20
2×ϕ16
20
R15
R10
46
70
R10
30
70

第 2 章　计算机绘图的基本知识

绘图、编辑命令练习　2-1　用计算机绘制下列图形，分别以 2-1-1、2-1-2、2-1-3、2-1-4 为文件名保存

1.

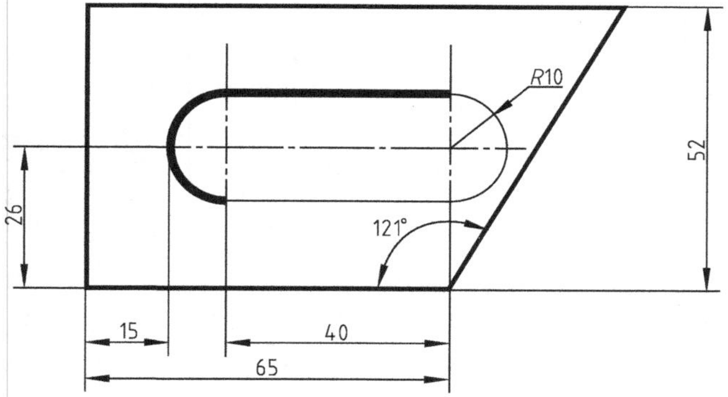

2.

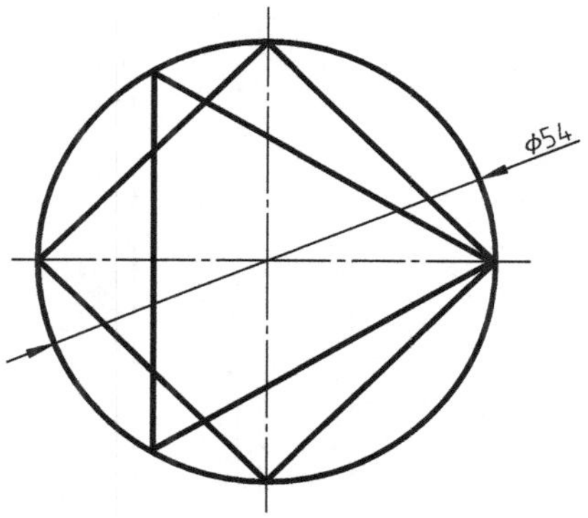

3.

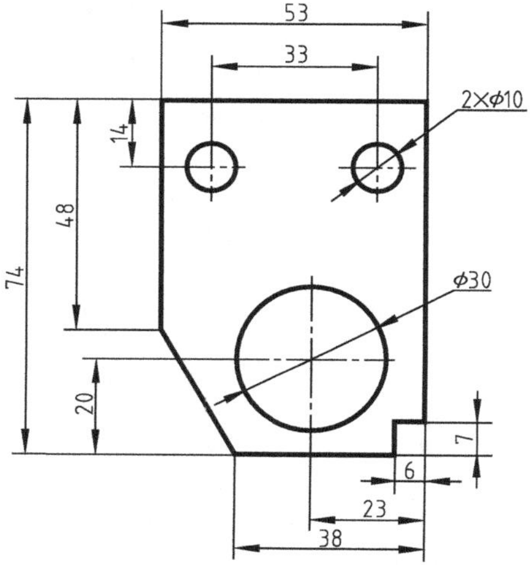

4.

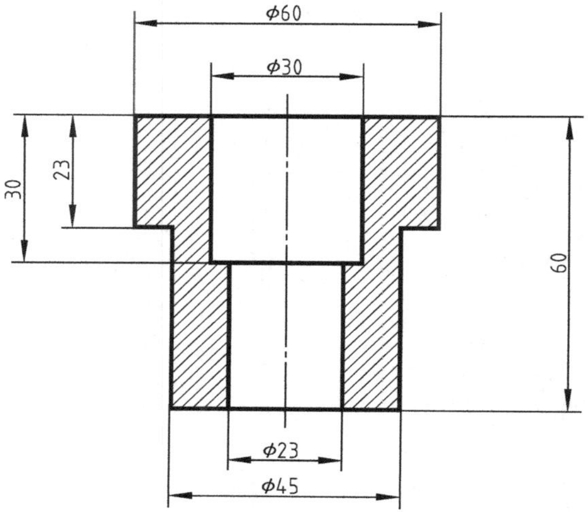

班级：　　　　姓名：　　　　学号：　　　　审核：

基本命令练习　2-2　按教材中表 2-4 设置图层，绘制下列图形，分别以 2-2-1、2-2-2、2-2-3、2-2-4 为文件名保存；学习第 5 章后标注尺寸与文字

1.

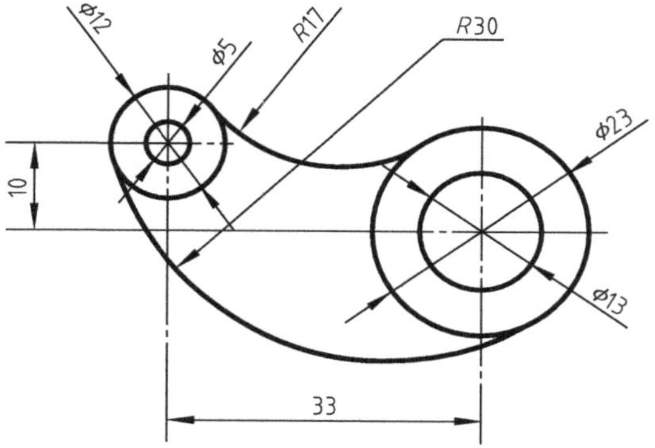

2.

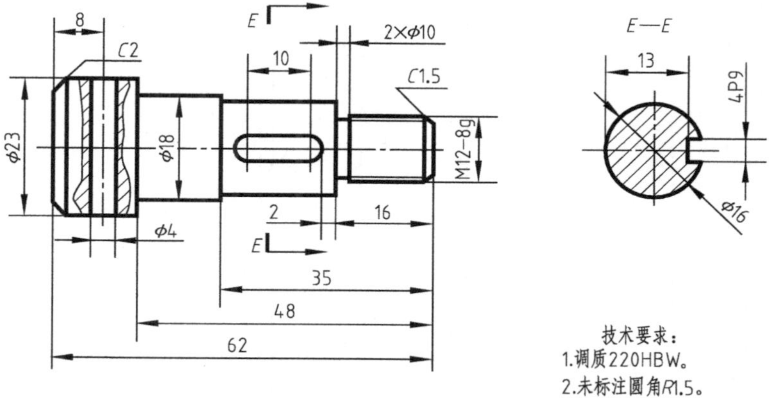

3.

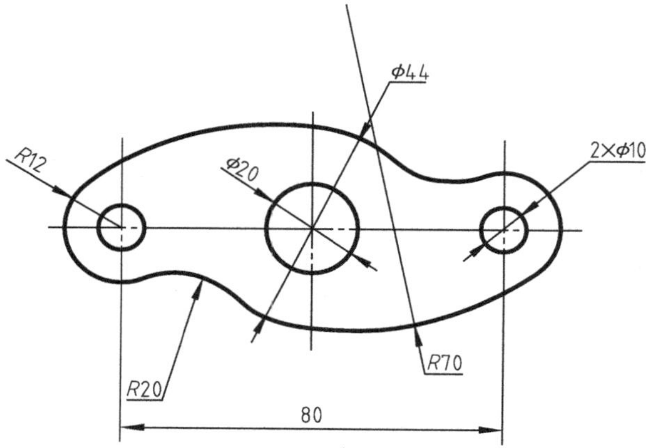

4.

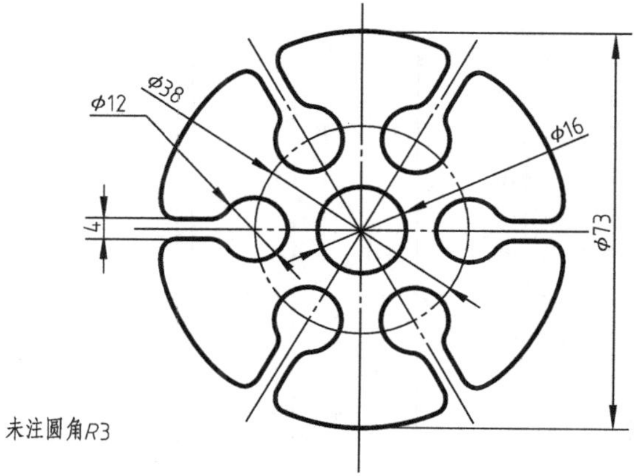

计算机绘制平面图形　2-3　按下图中的尺寸绘制下列图形，分别以 2-3-1、2-3-2 为文件名保存；学习第 5 章后标注尺寸

1.

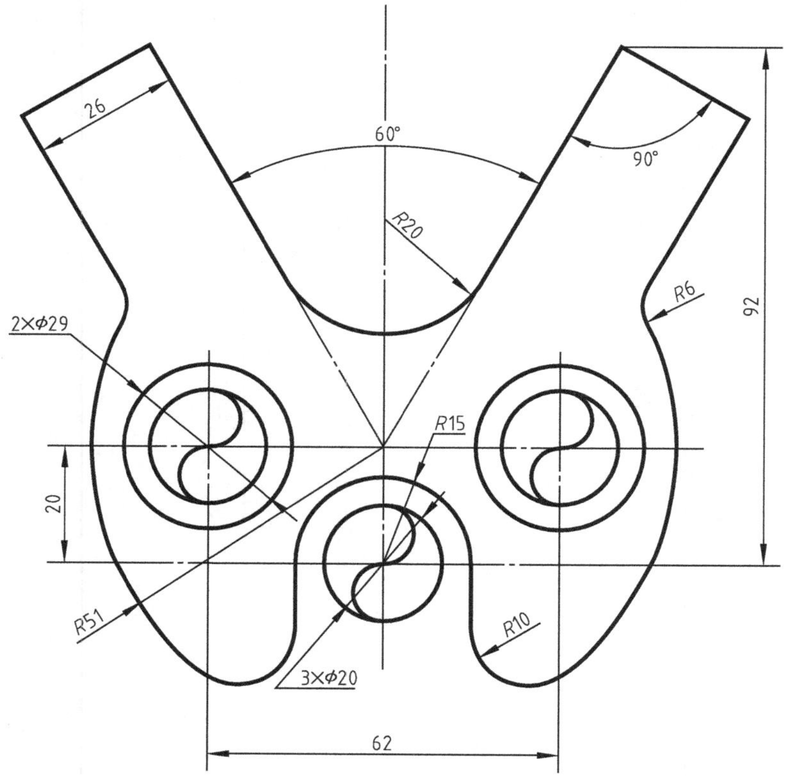

2.

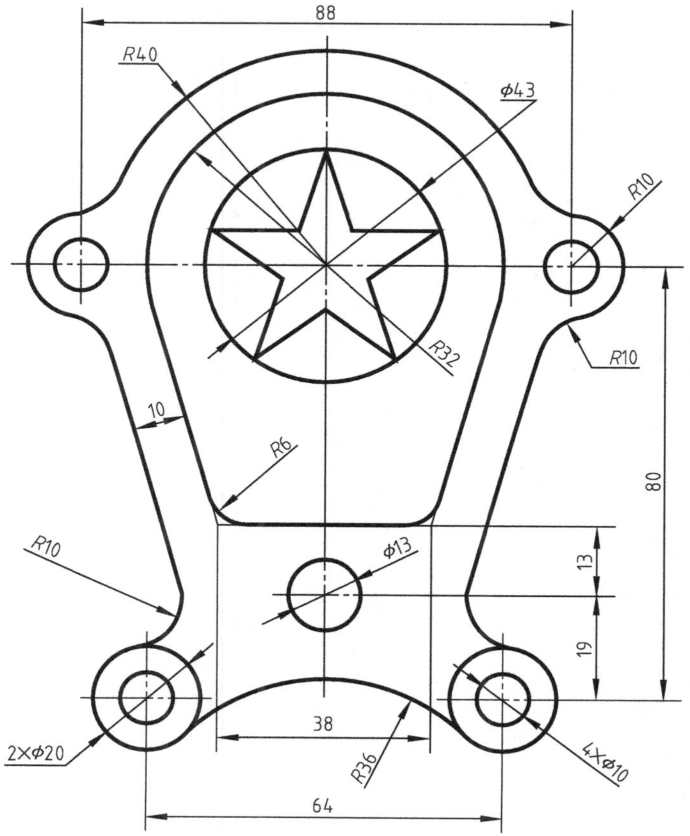

班级：　　　　　　姓名：　　　　　　学号：　　　　　　审核：

计算机绘制平面图形　2-4　用计算机绘制下列图形，分别以 2-4-1、2-4-2 为文件名保存；学习第 5 章后标注尺寸

1.

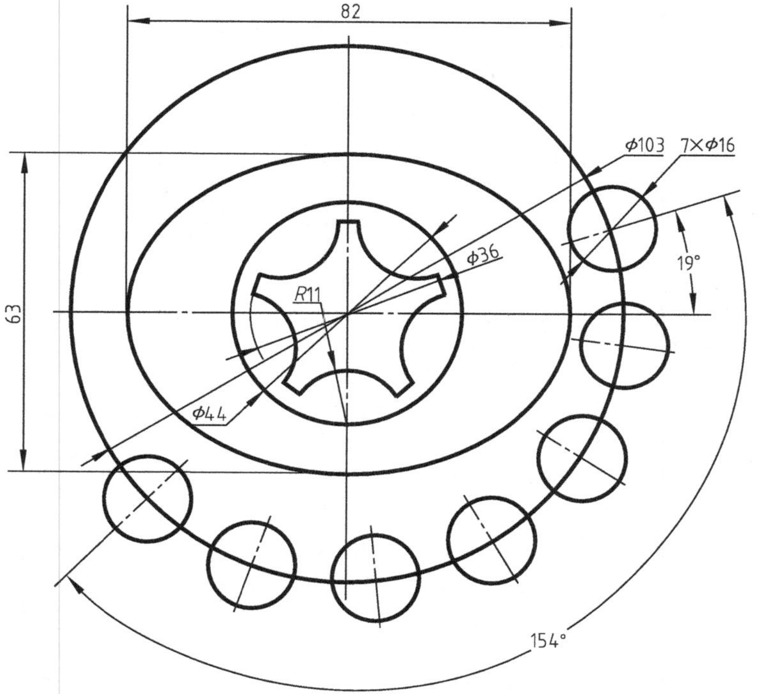

2.

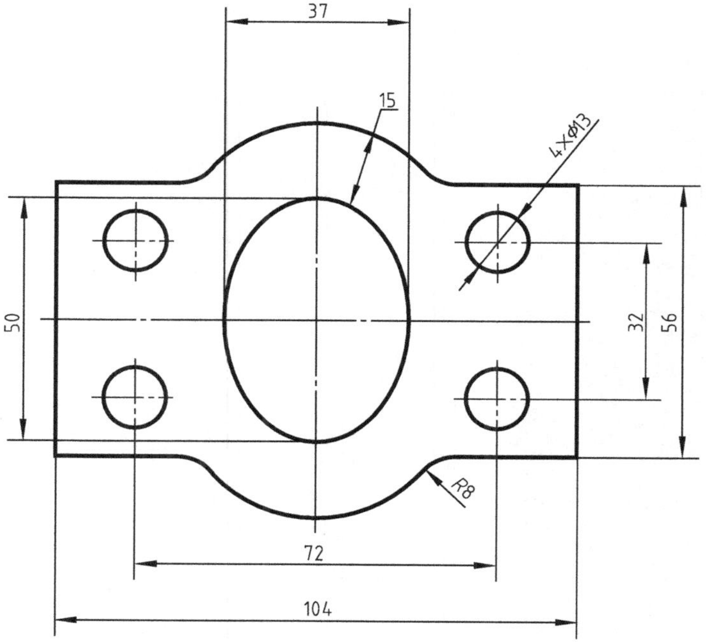

班级：　　　　姓名：　　　　学号：　　　　审核：

第3章 投影基础

三视图　3-1　根据物体轴测图，画出物体的三视草图，箭头所示方向为主视图投射方向

1.

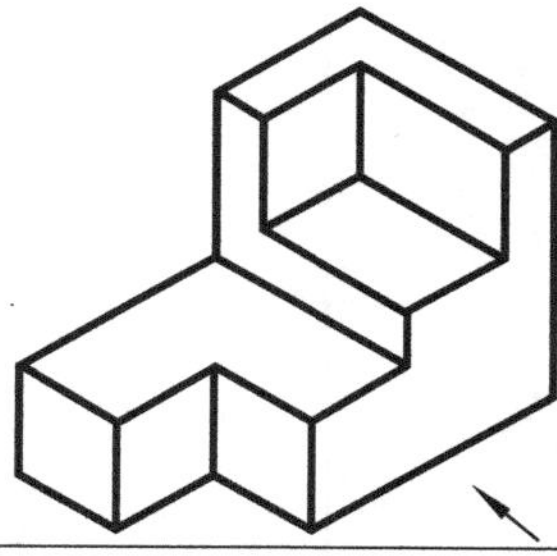

2.

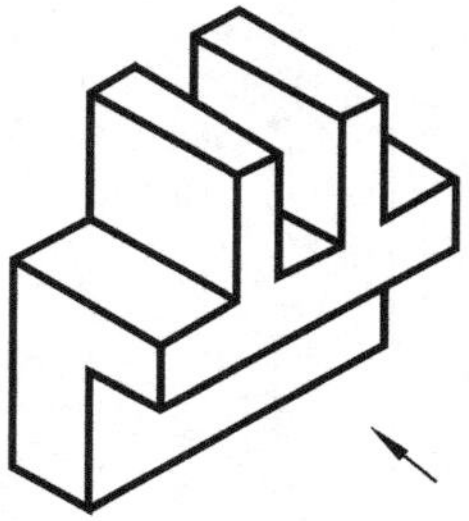

3. 图中孔为通孔

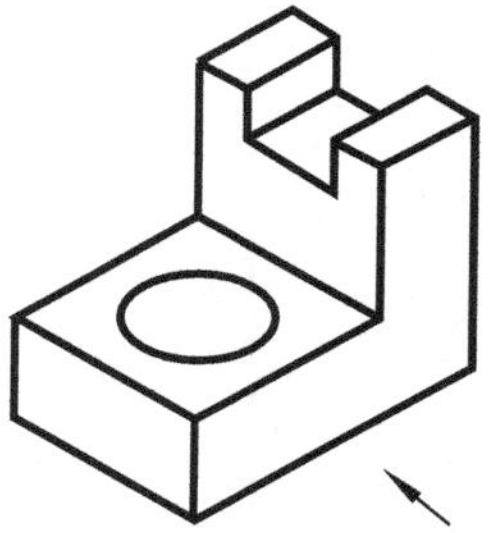

4.

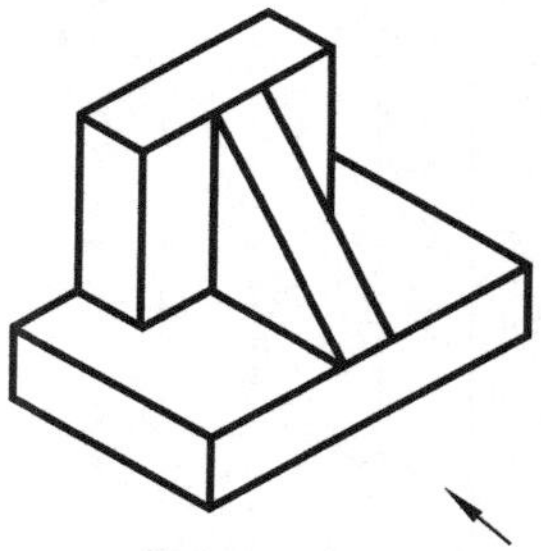

班级：　　　　姓名：　　　　学号：　　　　审核：

三视图　3-2　根据轴测图，绘制物体的三视图，标注尺寸（A3 图，比例自定，内容由老师指定）

1.

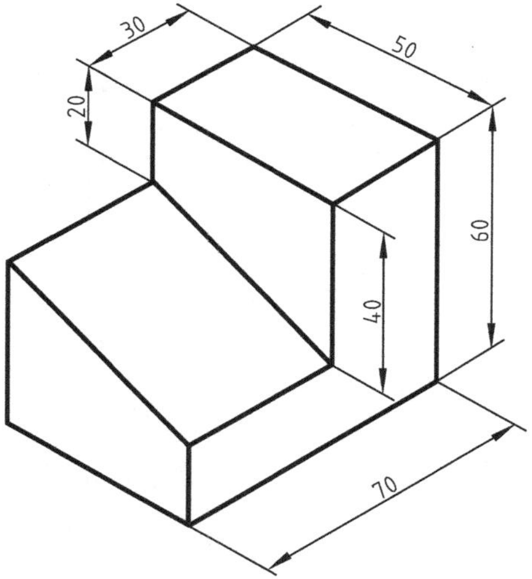

2.

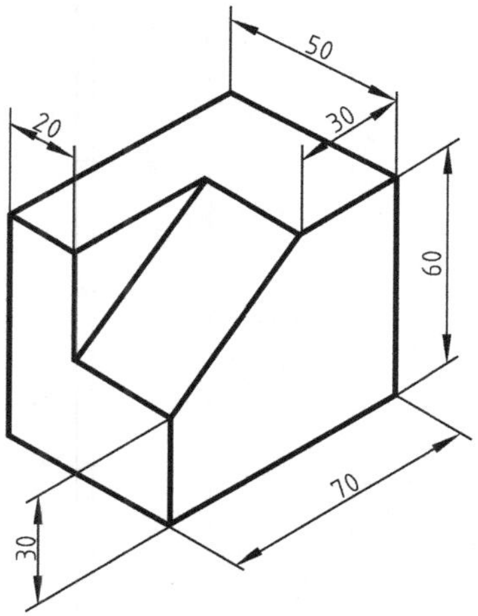

3. 槽为通槽

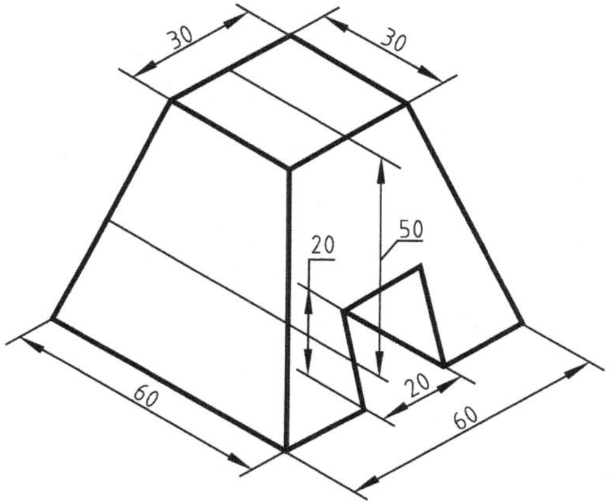

4. 孔为通孔

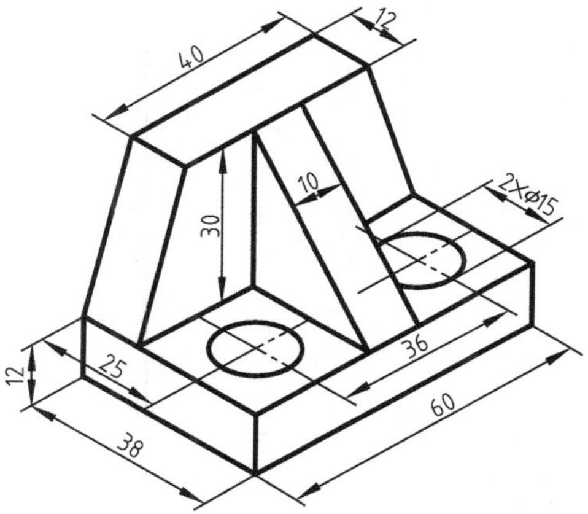

点的投影　3-3　点的三面投影及空间位置

1. 已知点 A（30，20，15），点 B（15，25，0），点 C（0，0，20）三点的坐标值，求其三面投影

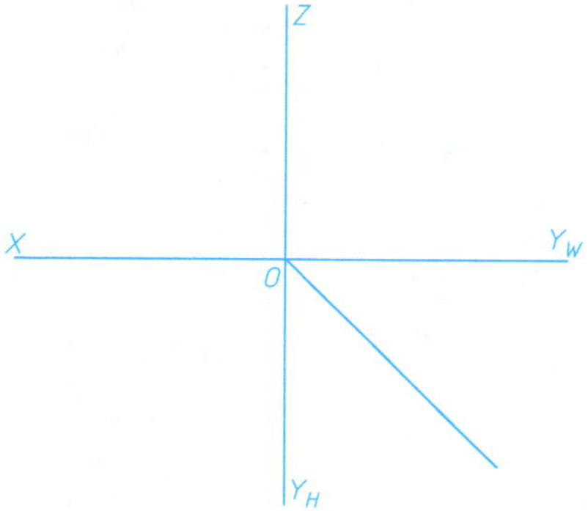

2. 已知点 A 距 H 面 20mm，距 V 面 15mm，距 W 面 25mm，试作点 A 的三面投影图及直观图

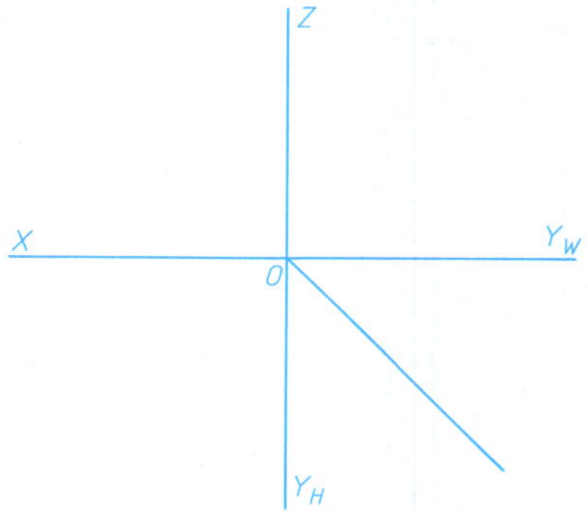

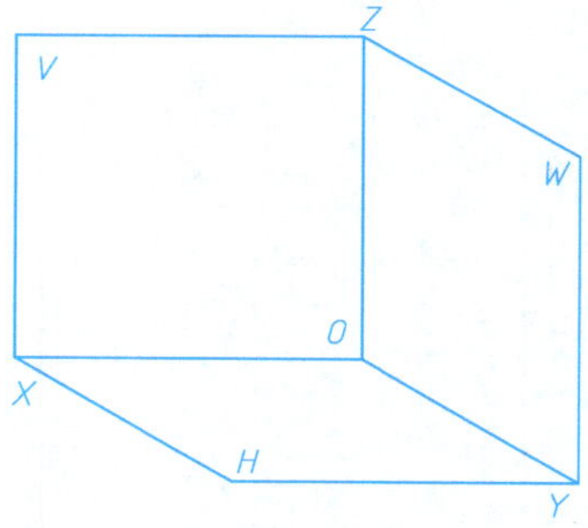

3. 完成各点的三面投影，并判断点的空间位置

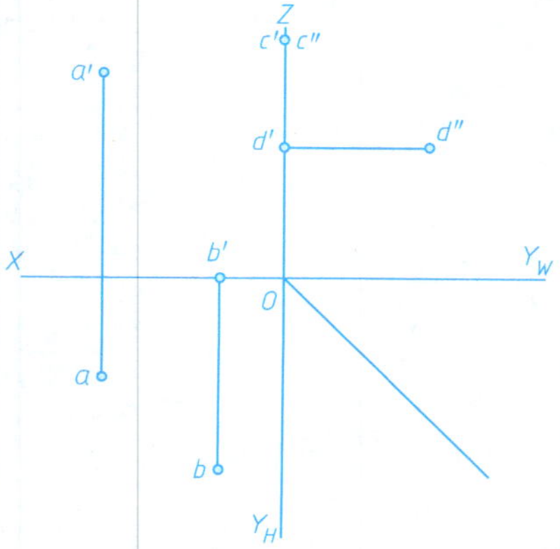

填空：

（1）点 A 在________________，

点 B 在________________，

点 C 在________________，

点 D 在________________

（空间、投影面、投影轴）。

（2）点 A 在点 C 的________方。

（3）点 B 在点 C 的________方。

（4）4 个点中，最高点是________，最前点是________，最左点是________________。

4. 读懂立体的三视图，标注出点 A、点 B、点 C 和点 D 在三视图中的位置

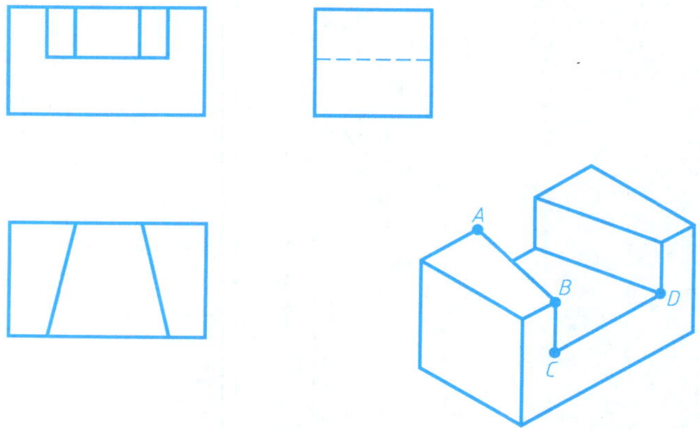

班级：　　　　姓名：　　　　学号：　　　　审核：

直线的投影　3-4　直线的三面投影及两直线的位置关系

1. 已知线段 *AB* 的端点 *A* 的三面投影，点 *B* 在点 *A* 的前面 5mm，上面 10mm，右面 15mm，作 *AB* 的三面投影和直观图

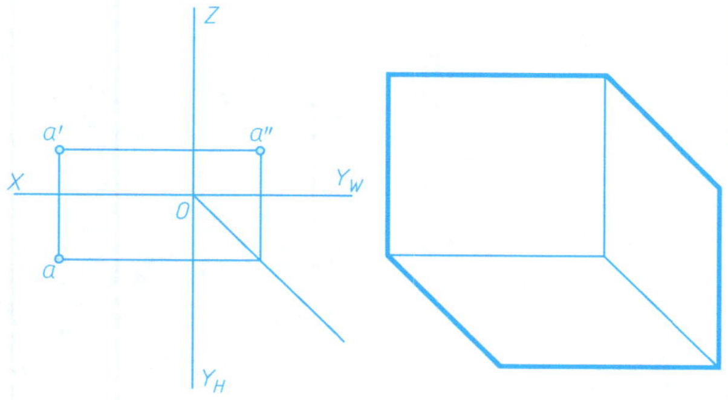

2. 识别正三棱锥上各条棱线的空间位置

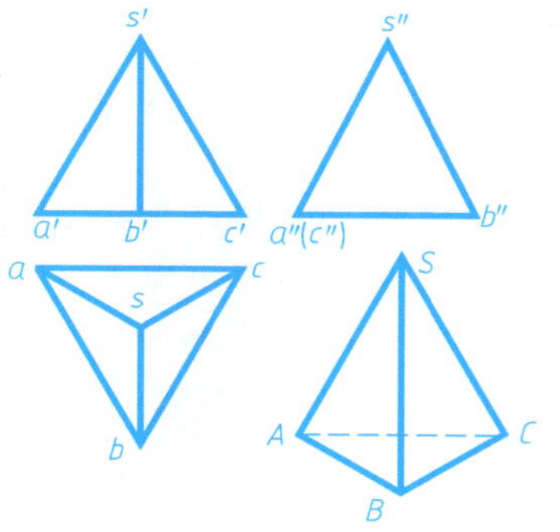

SA 是________线　　*SB* 是________线

AB 是________线　　*AC* 是________线

3. 作正垂线 *EF* 的投影，已知 *EF* 长 20mm，距 *H* 面 10mm，距 *W* 面 30mm，端点 *F* 距 *V* 面为 10mm

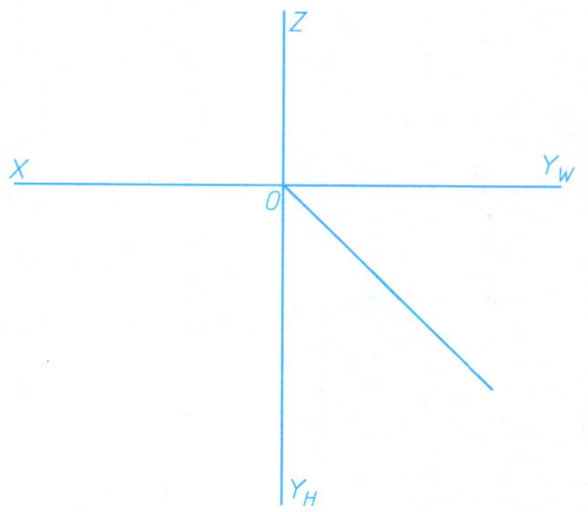

4. 已知 *AB* 两面投影，求 *AB* 的第三面投影

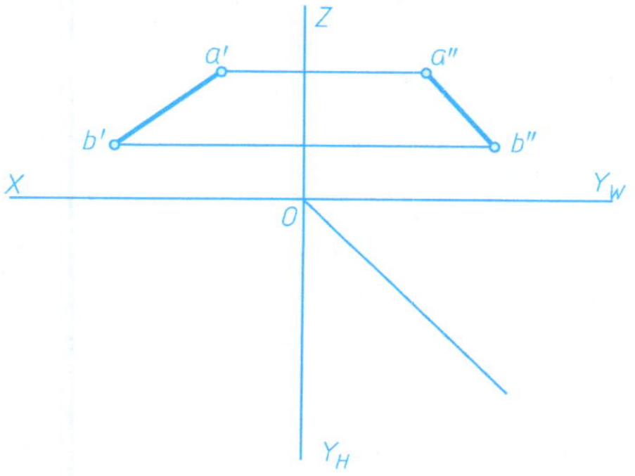

5. 作直线 *EF*//*AB* 且与 *CD* 相交

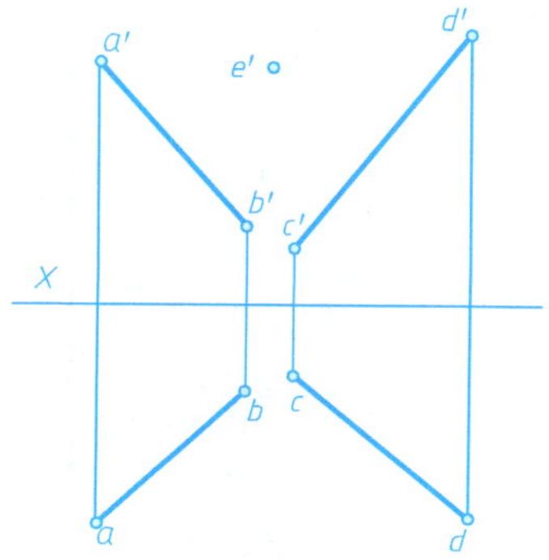

6. 作正平线 *MN*，已知 *MN* 距 *V* 面 20mm，且与 *AB*、*CD* 分别相交于 *M*、*N*

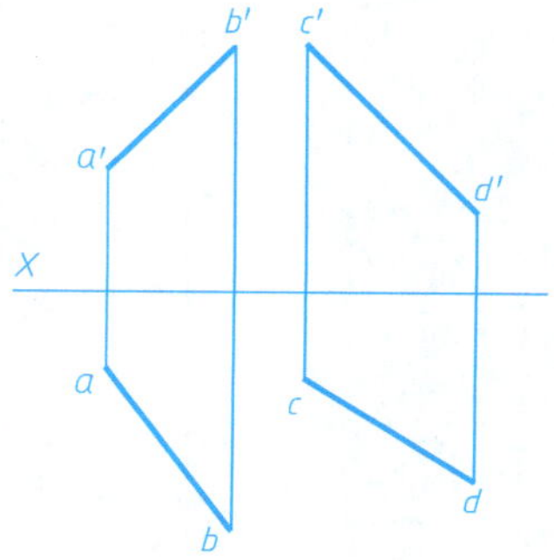

直线的投影　3-5　直线的三面投影及两直线的位置关系

1. 直线 *CD* 与 *AB* 相交，求其水平投影

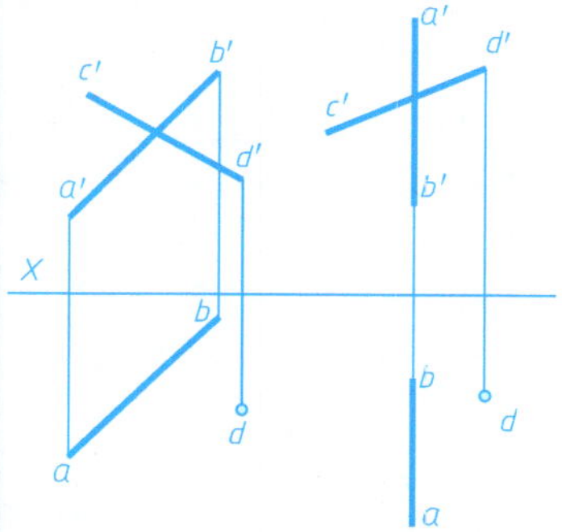

2. 直线 *AB* 与 *CD* 相交，交点 *B* 距 *H* 面 15mm，完成 *AB* 与 *CD* 的三面投影

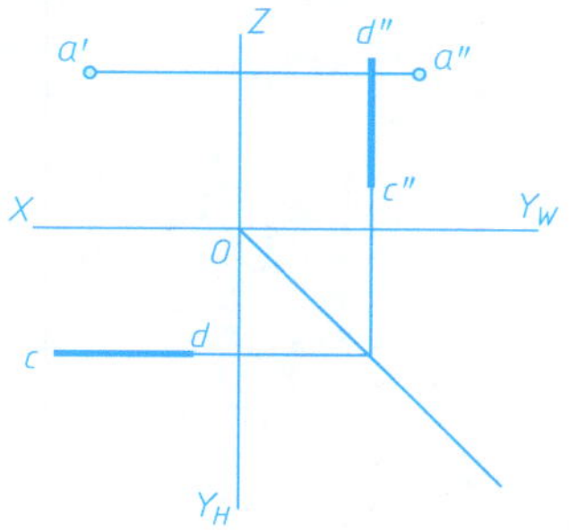

3. 直线 *AB* 与 *CD* 相交，交点距 *V* 面与 *W* 面相等，求作 *AB* 的三面投影

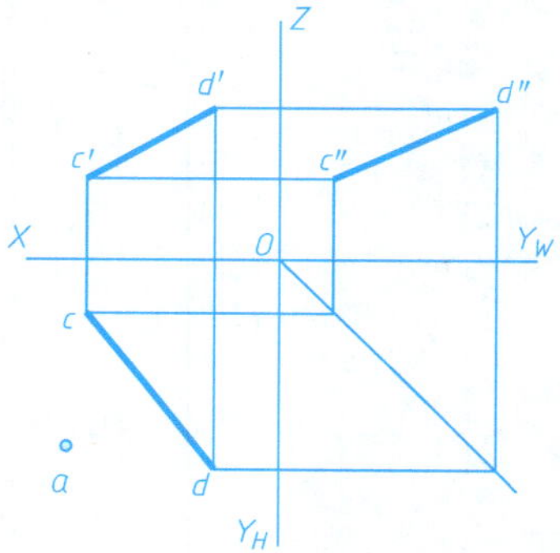

4. 判断下列两直线的相对位置（相交，平行，交叉，正交）

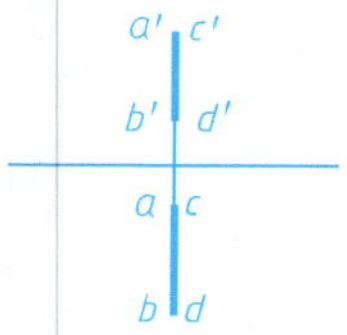

(　　)

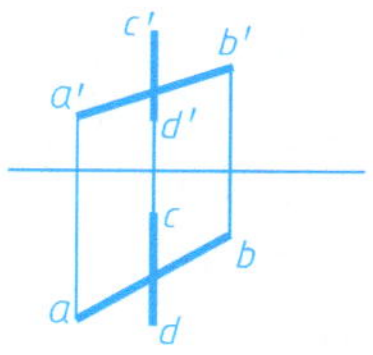

(　　)

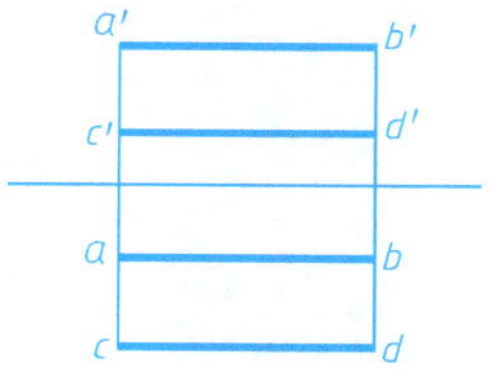

(　　)

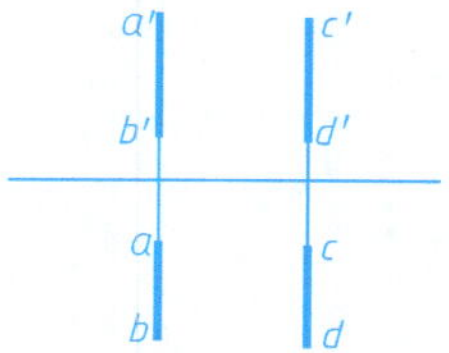

(　　)

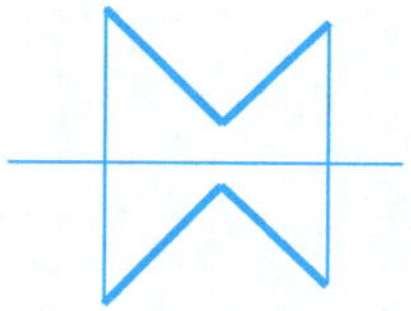

(　　)

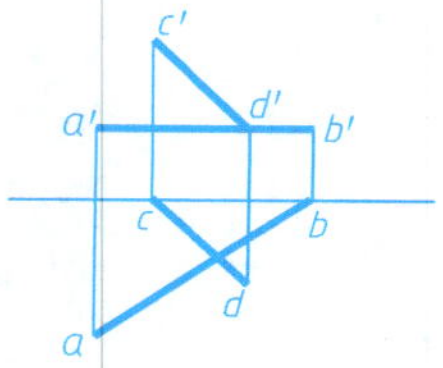

(　　)

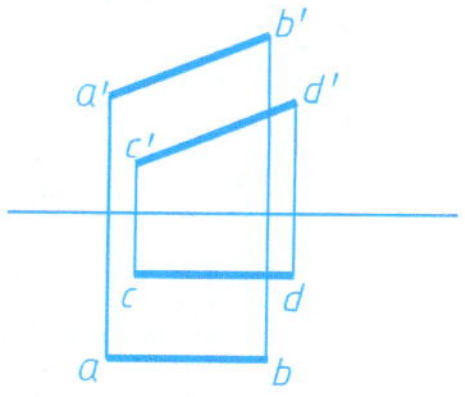

(　　)

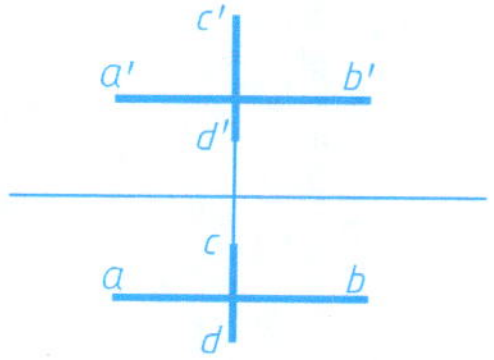

(　　)

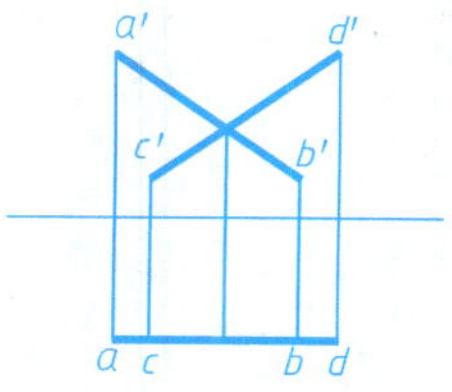

(　　)

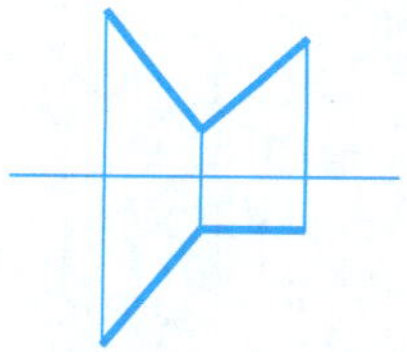

(　　)

班级：　　姓名：　　学号：　　审核：

1. 完成三角形俯视的投影

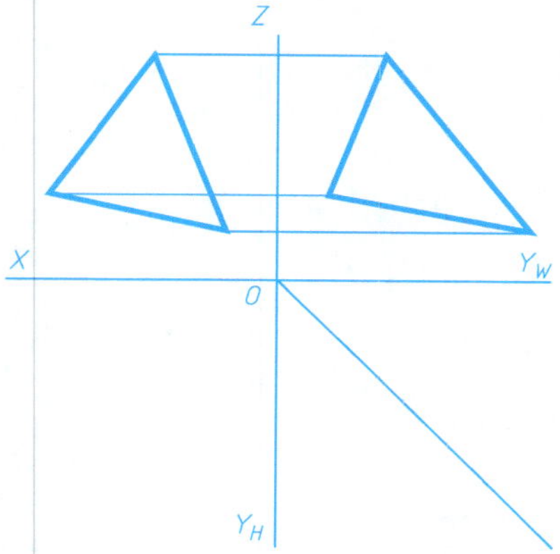

2. 完成正垂面左视的投影

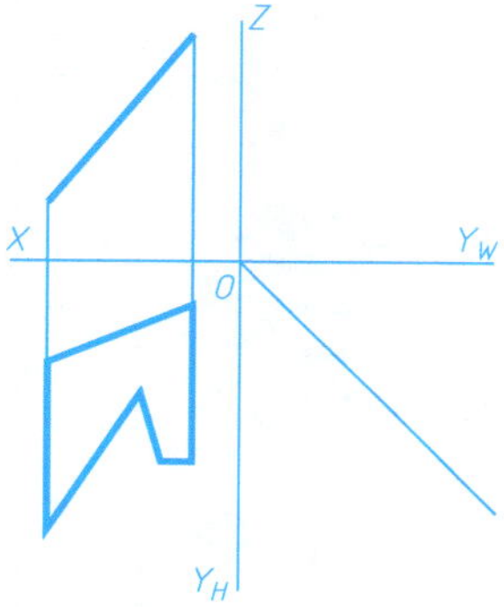

3. 判别立体各表面的空间位置

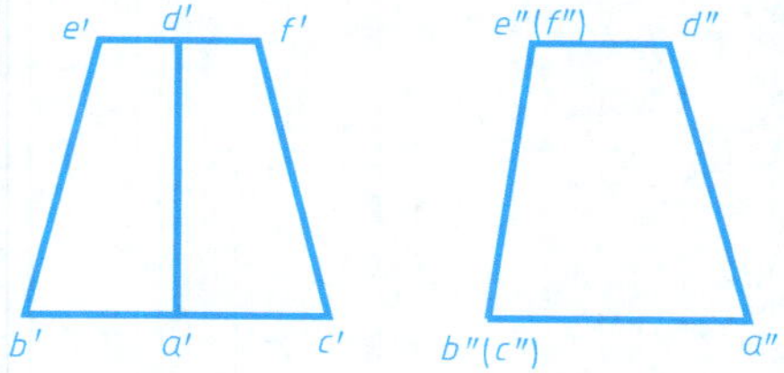

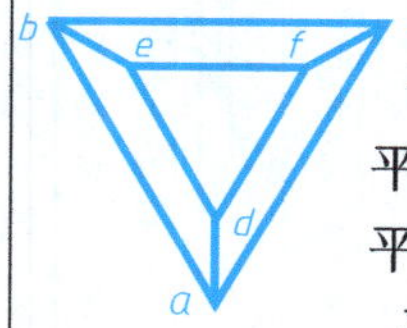

平面 *ABC* 是（　　　　　）面

平面 *ADEB* 是（　　　　　）面

平面 *BEFC* 是（　　　　　）面

平面 *EDF* 是（　　　　　）面

4. 试判断点 *K* 是否在平面 *ABC* 上

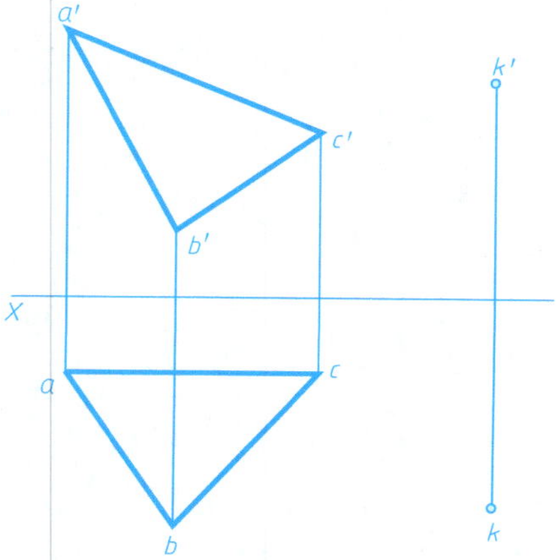

5. 过点 *M* 作水平线 *MN* 且平行于三角形 *ABC*

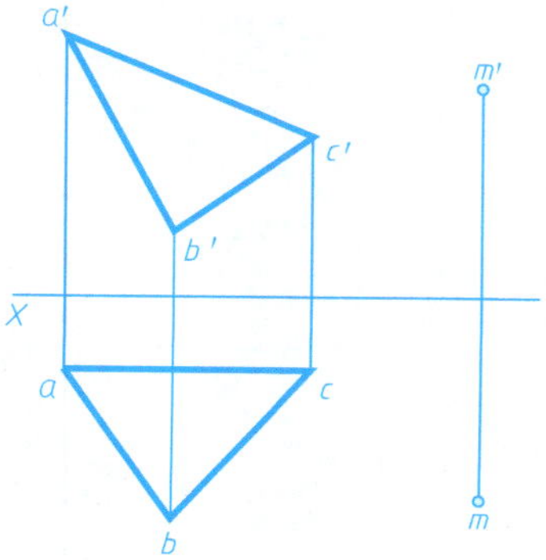

6. 试判断直线 *MN* 是否在三角形 *ABC* 上

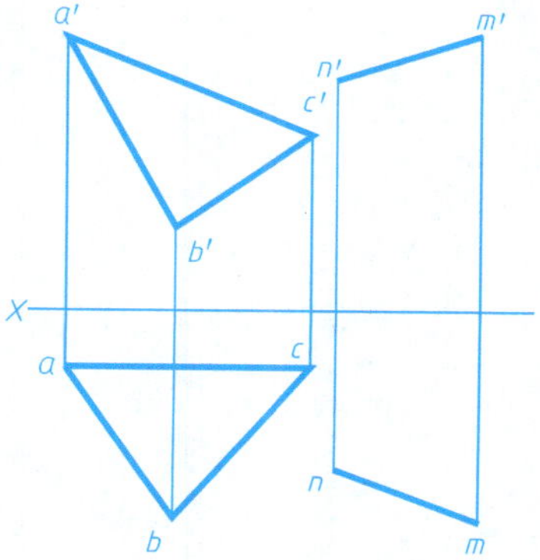

班级：　　　　姓名：　　　　学号：　　　　审核：

平面的投影　3-7　平面的三面投影

1. 完成平面 *ABCD* 的俯视投影，点 *K*、点 *E*、点 *G* 在平面 *ABCD* 上，完成其三面投影

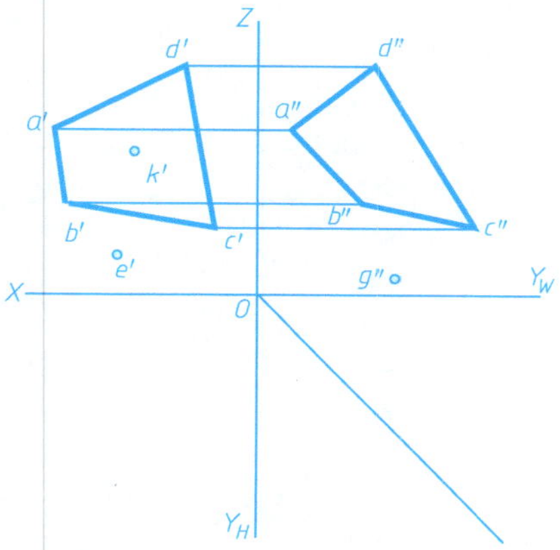

2. 完成五边形 *ABCDE* 的两面投影

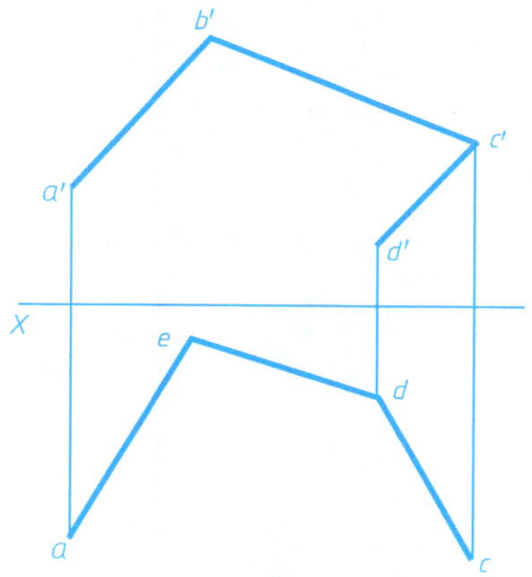

3. 完成平面形的两面投影

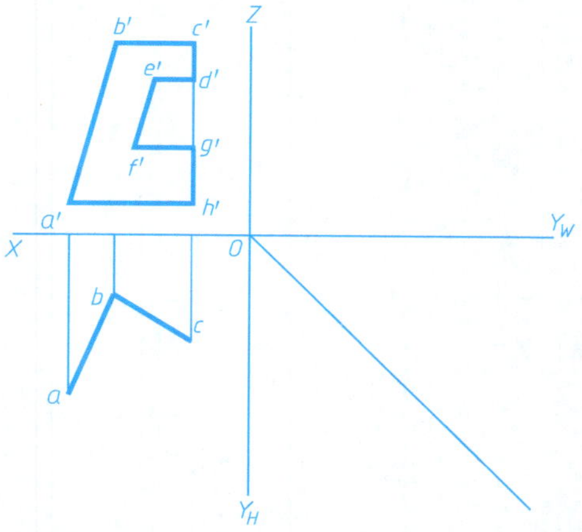

4. 分析立体直观图涂黑平面的空间位置，完成立体三面投影

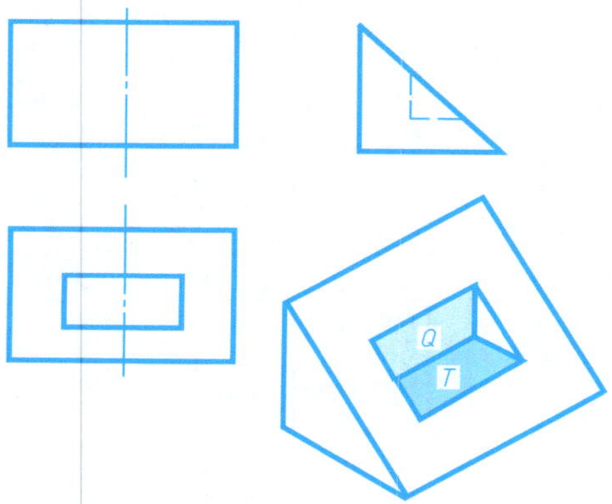

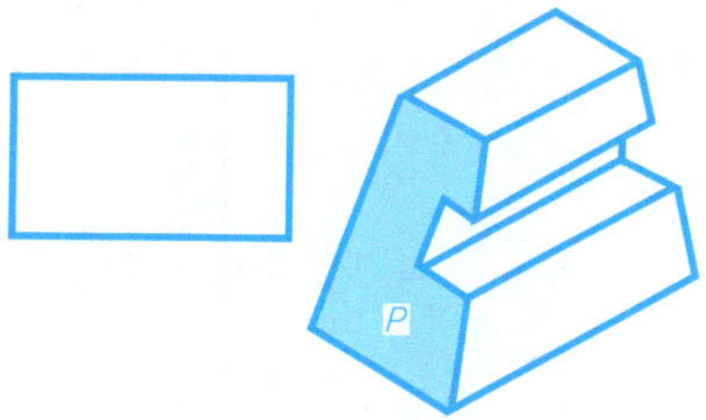

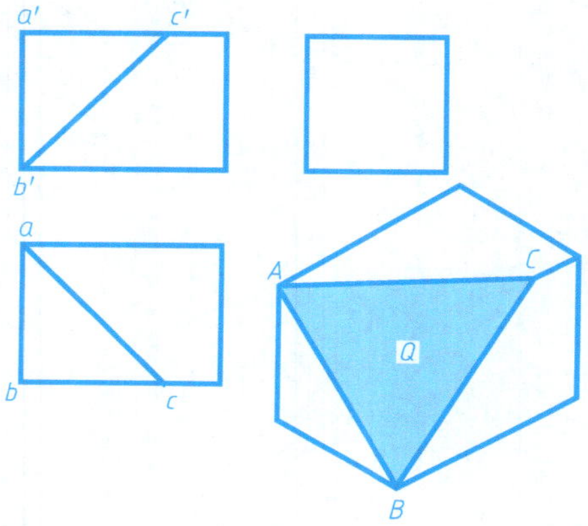

班级：　　　　姓名：　　　　学号：　　　　审核：

第 4 章　基本立体视图

平面立体上取点、取线　4-1　画出立体的第三面视图，并求作立体表面上各点、直线的另两面投影

1.

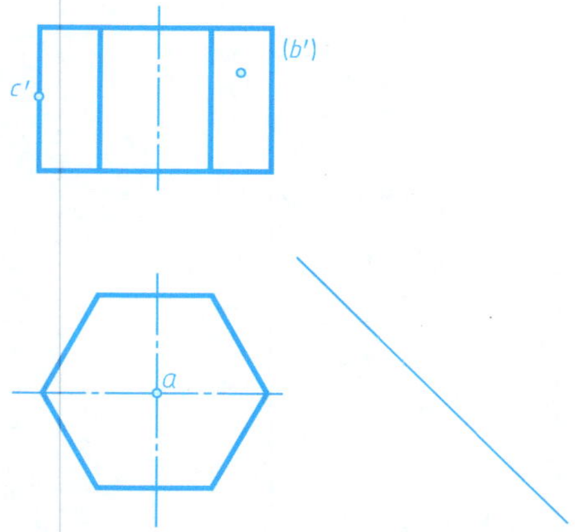

2.

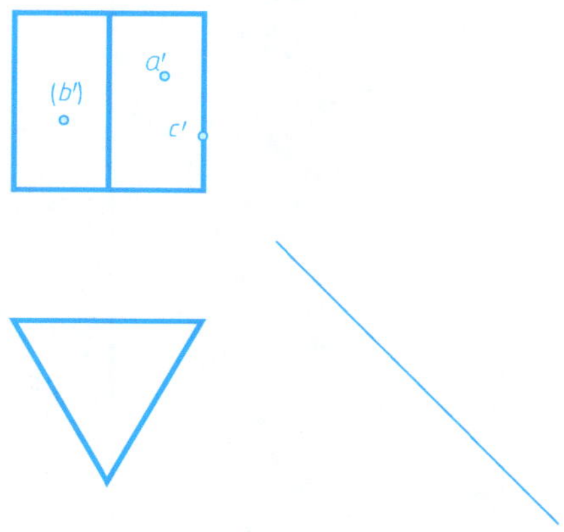

3.

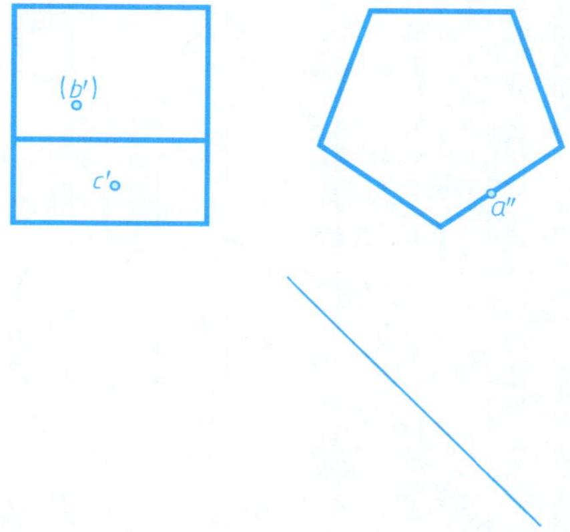

4.

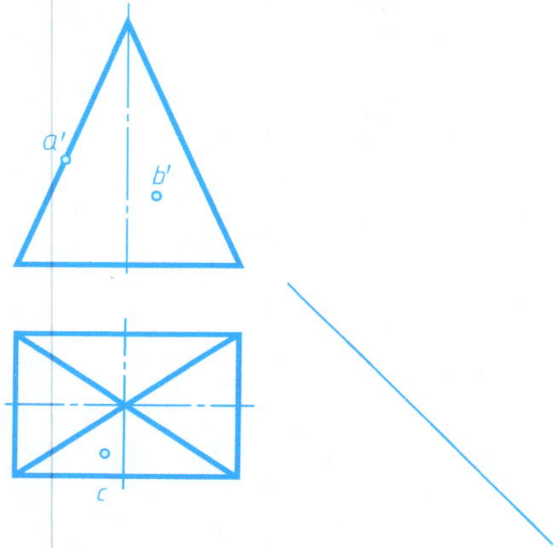

5.

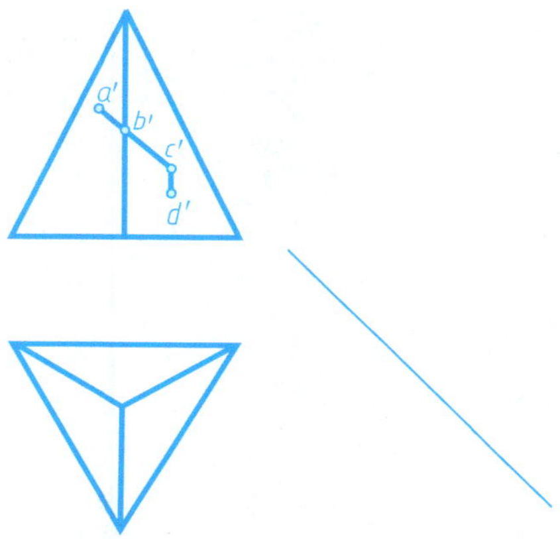

6.

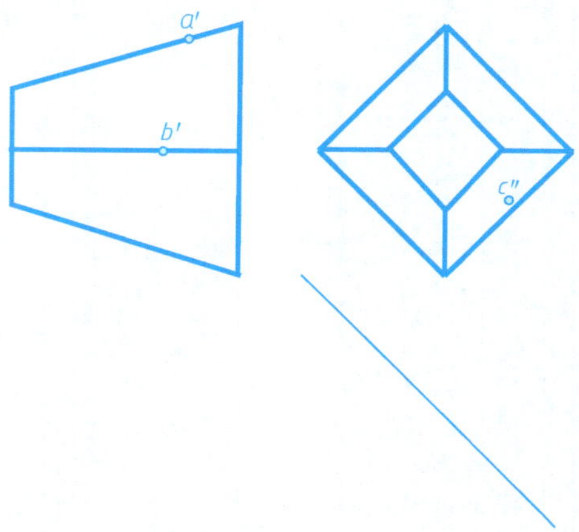

班级：　　　　姓名：　　　　学号：　　　　审核：

回转体上取点、取线　4-2　补画圆柱、圆筒的第三面视图，并求圆柱、圆筒内、外表面上各点的另两面投影

1.

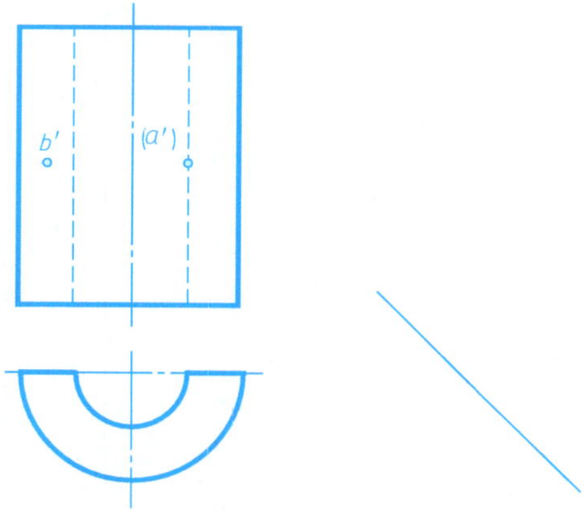

2.

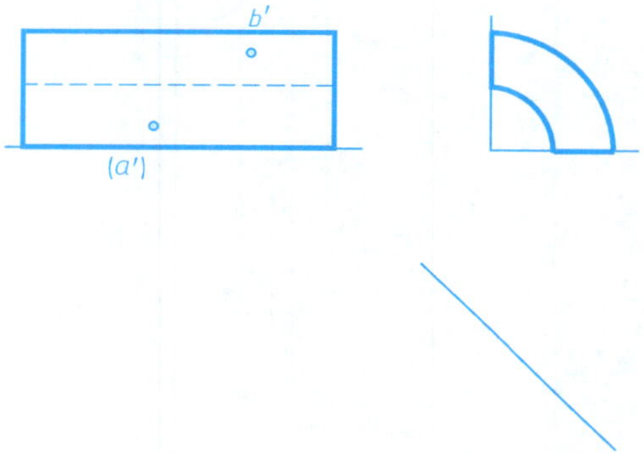

3.

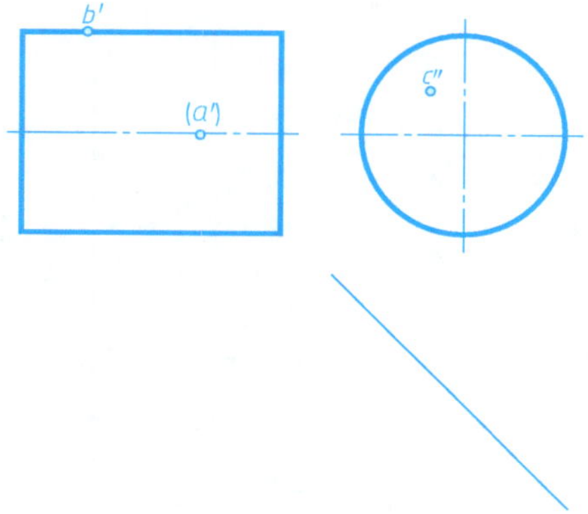

4.

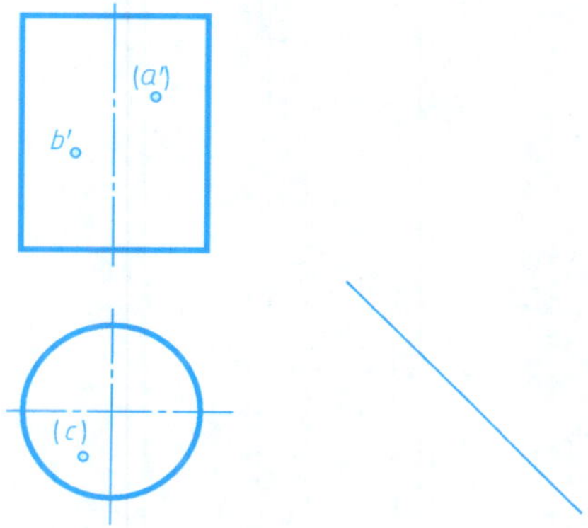

班级：　　　　姓名：　　　　学号：　　　　审核：

回转体上取点、取线　4-3　完成圆锥、圆锥台和圆环的三视图，补画立体表面上点的三面投影

1. 补画 1/2 锥台的左视图

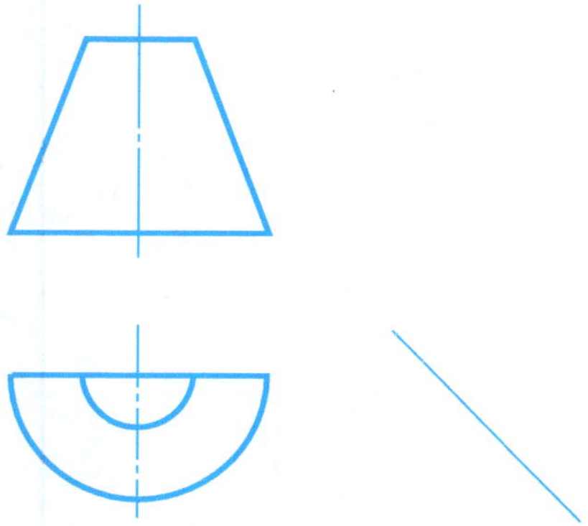

2. 补画 1/4 锥台的俯视图

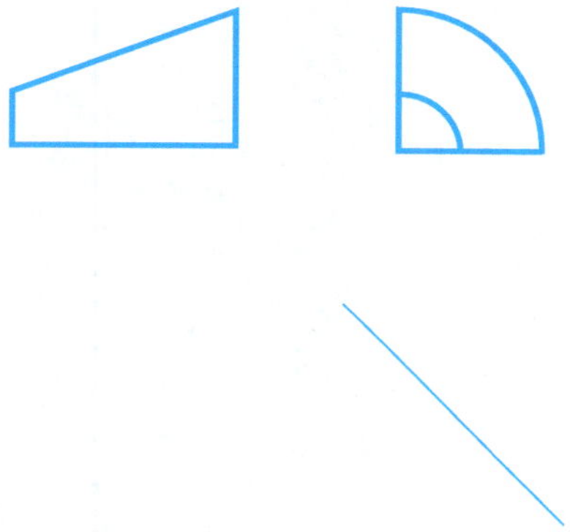

3. 补画带孔锥台的俯视图

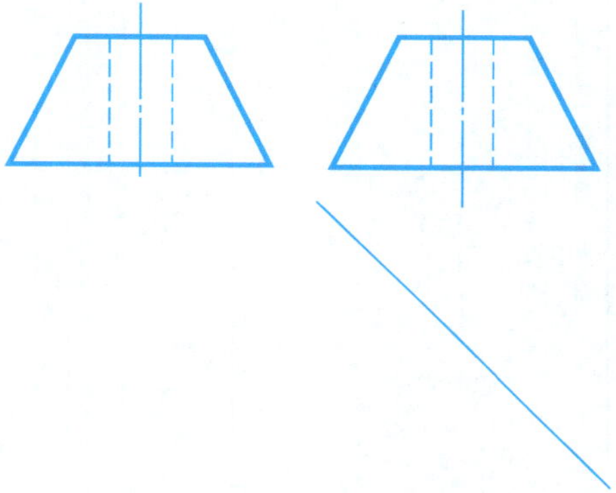

4. 求圆锥表面上点的投影

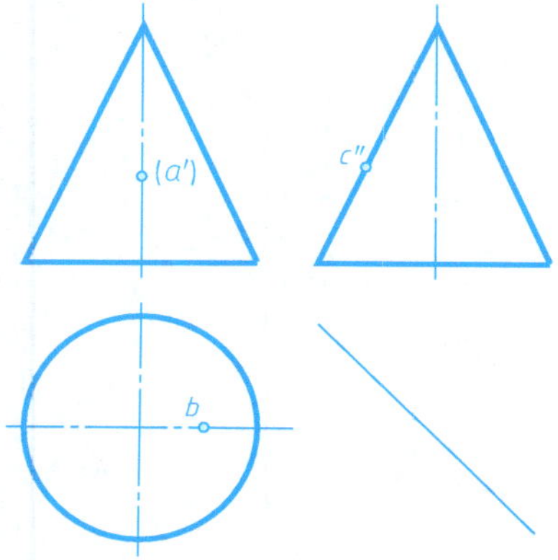

5. 用素线法或纬圆法求圆锥表面上点的投影

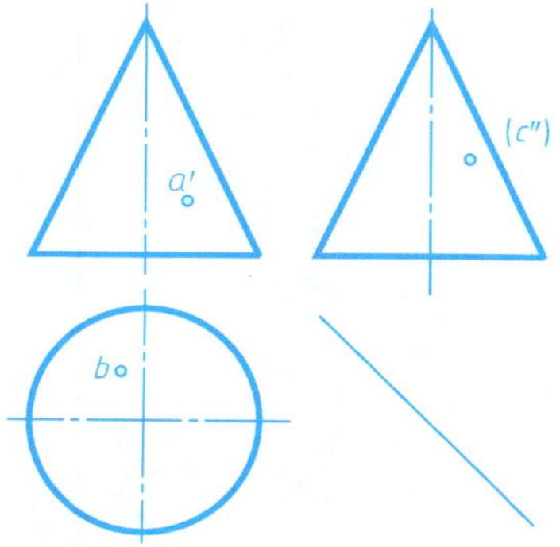

6. 完成圆环的主、左视图

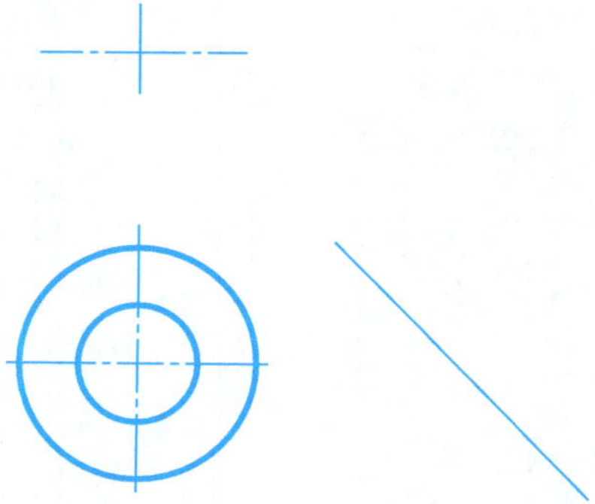

班级：　　　　姓名：　　　　学号：　　　　审核：

回转体上取点、取线　4-4　按下面要求作图，并填空

1. 判断点在圆球表面上的空间位置

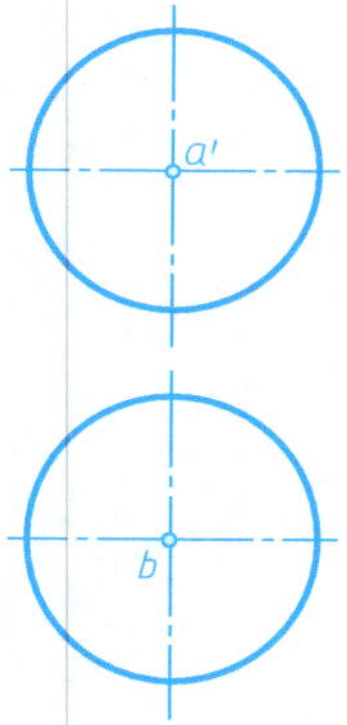

点 A 是圆球表面上最______点；点 B 是圆球表面上最________点；点 C 是圆球表面上最____________点

2. 补画圆球的左视图，完成表面各点的三面投影

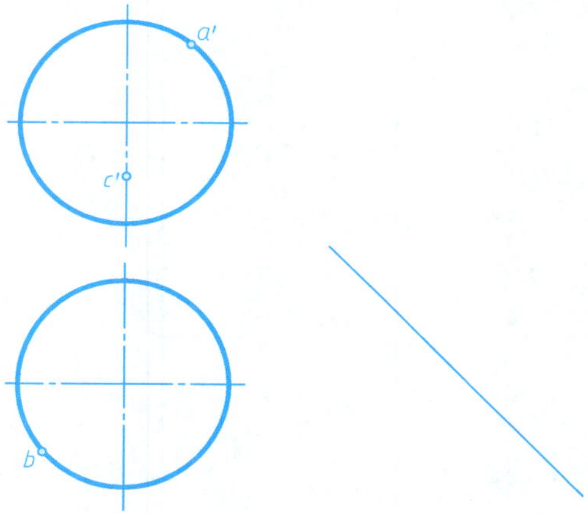

3. 求出球面上点的投影，判断点在球面上的位置，本题有几种解法

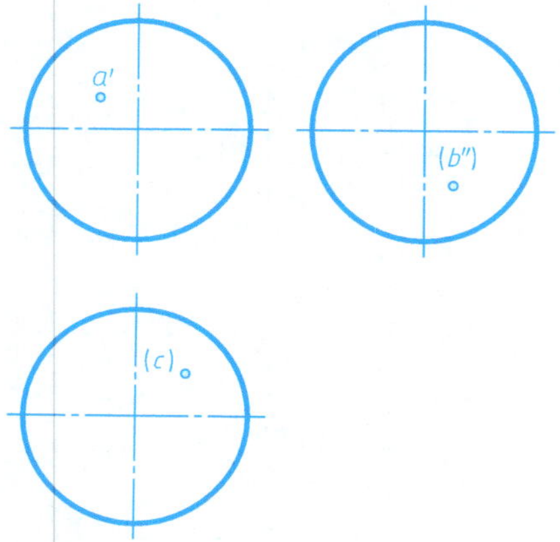

点 A 在____、____、____半球上

点 B 在____、____、____半球上

点 C 在____、____、____半球上

4. 补画圆球表面上 AB 线的水平和侧面投影

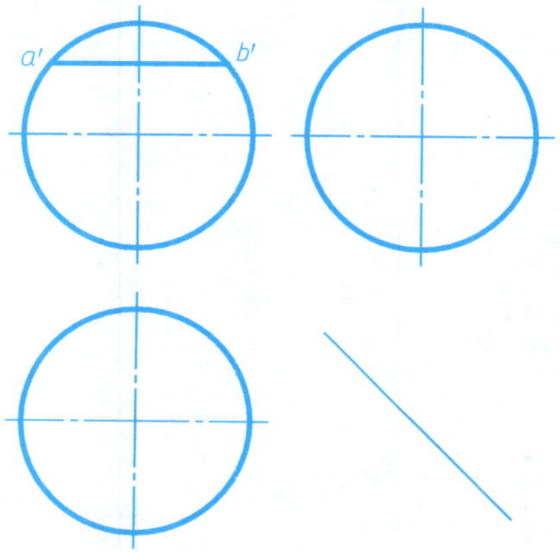

班级：　　　　姓名：　　　　学号：　　　　审核：

4-5 补全平面与平面立体的交线，完成三视图

1.

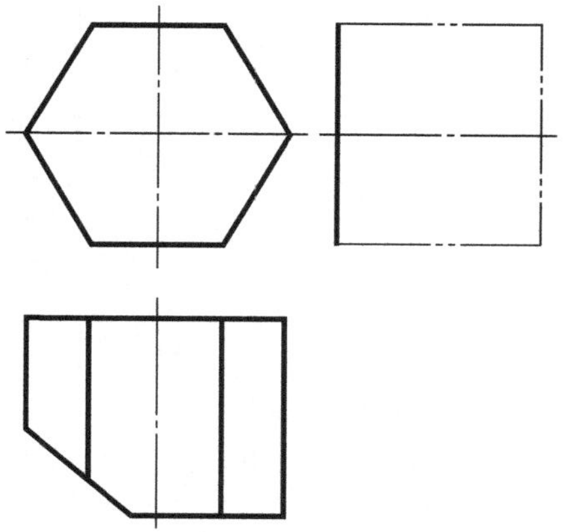

2.

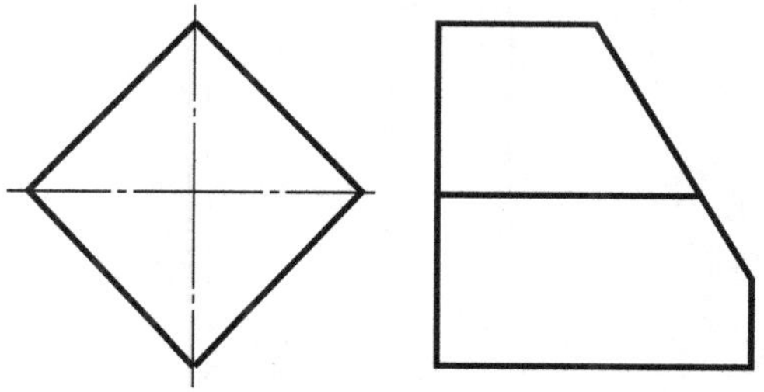

3.

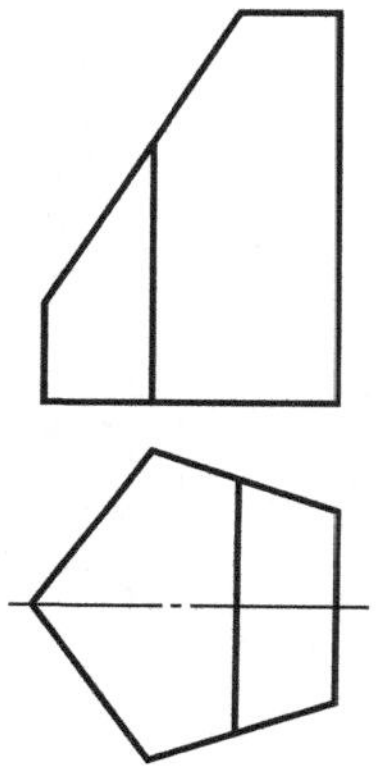

4.

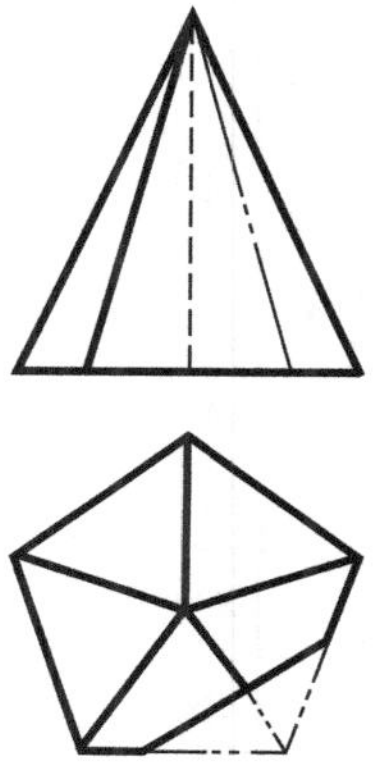

班级： 姓名： 学号： 审核：

平面与平面立体的交线　4-6　按下面要求完成平面截切平面体的三视图

1. 补画切槽棱锥台的俯视图

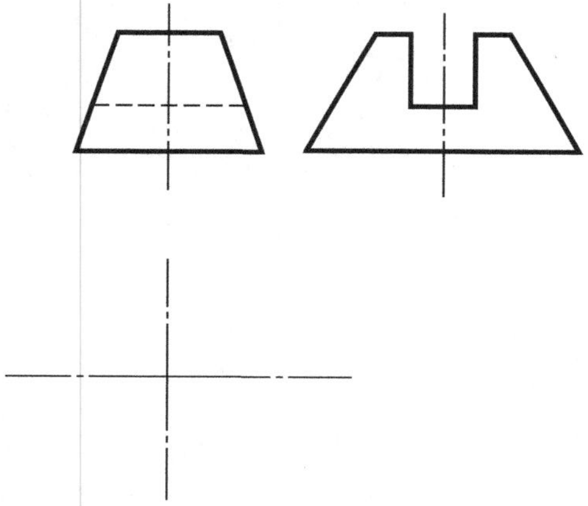

2. 补画切槽棱锥台的俯视图

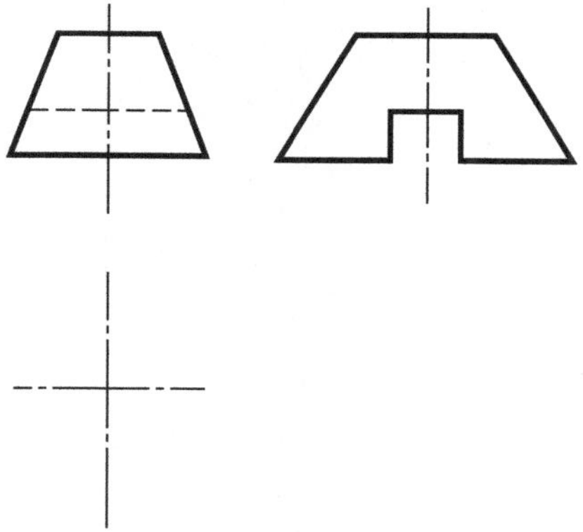

3. 补全切槽六棱柱的三视图

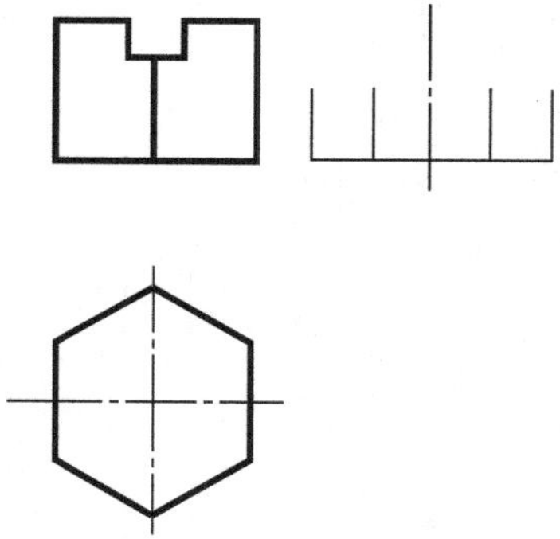

4. 补全燕尾被截切后的俯视图

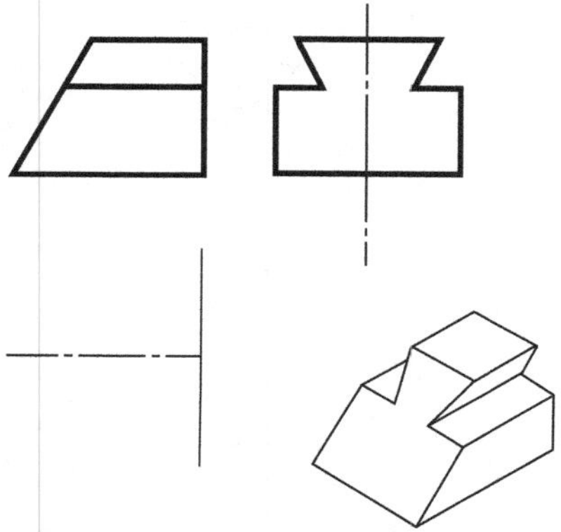

5. 补画截切后三棱柱的左视图

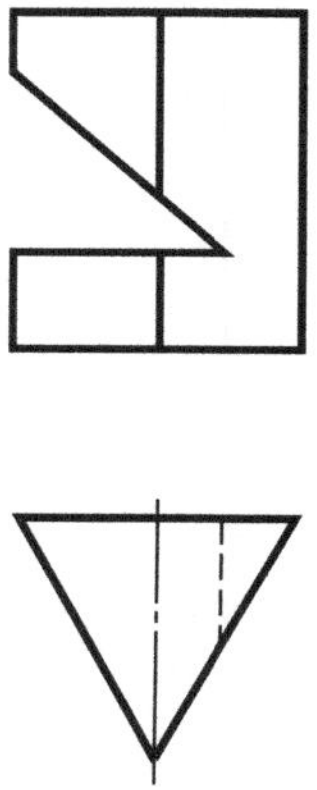

6. 补画俯视图

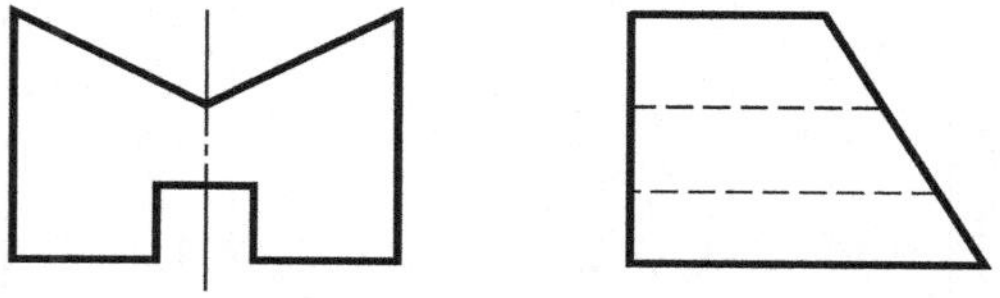

班级：　　　　姓名：　　　　学号：　　　　审核：

4-7 按下面要求完成平面截切回转体的三视图

1. 补画圆锥被截切后的投影

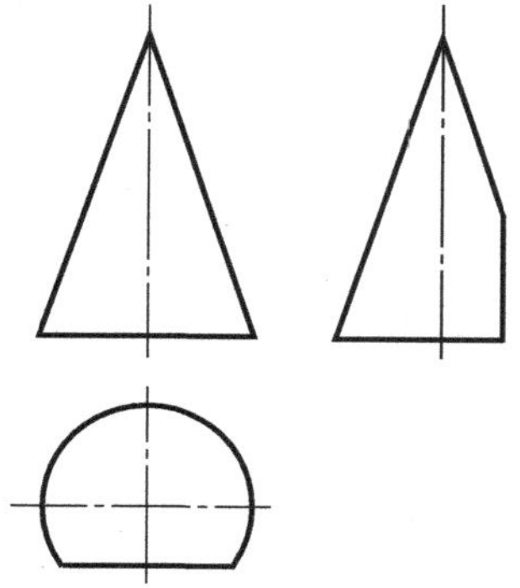

2. 补画圆柱被截切后的投影

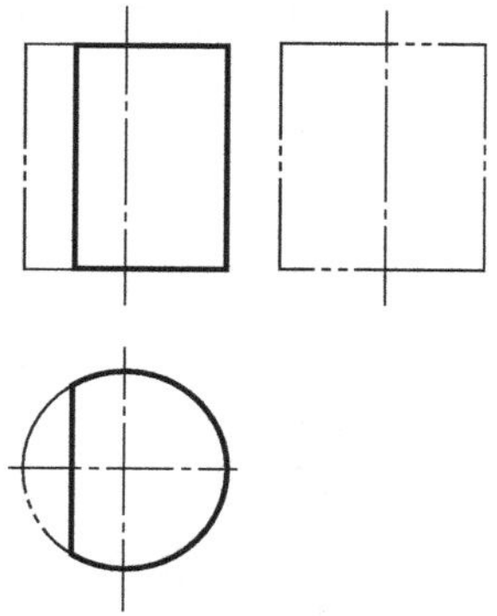

3. 补画圆锥被截切后的投影

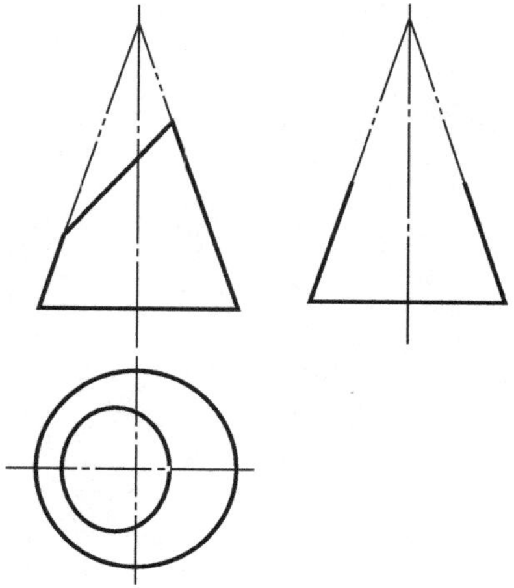

4. 补画圆柱被截切后的投影

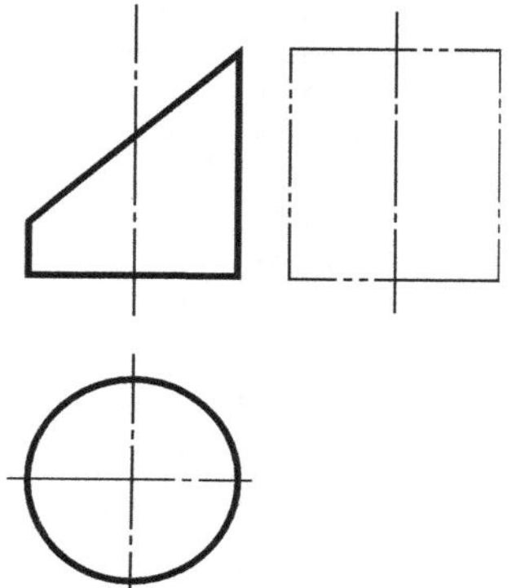

5. 补全视图中所缺的线，补画第三视图

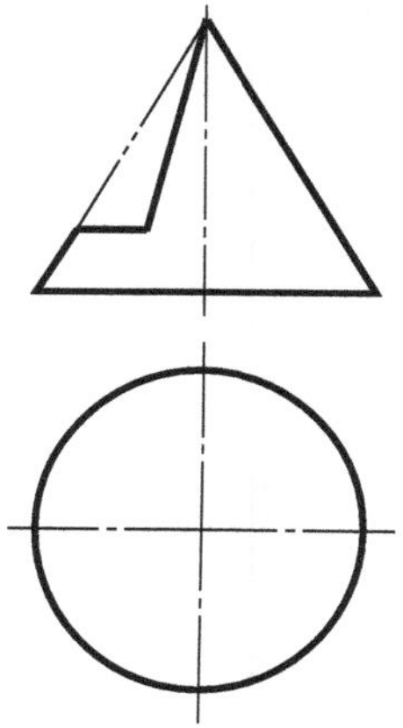

6. 补全视图中所缺的线，补画第三视图

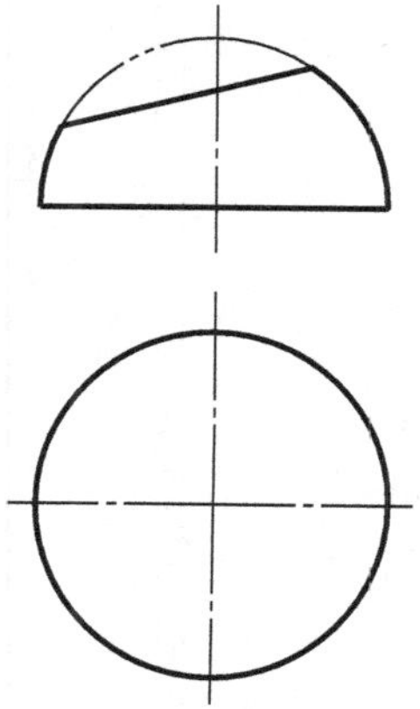

班级：　　姓名：　　学号：　　审核：

平面与回转立体的交线　4-8　按下面要求完成平面截切回转体的三视图

1. 完成切槽圆柱的三视图

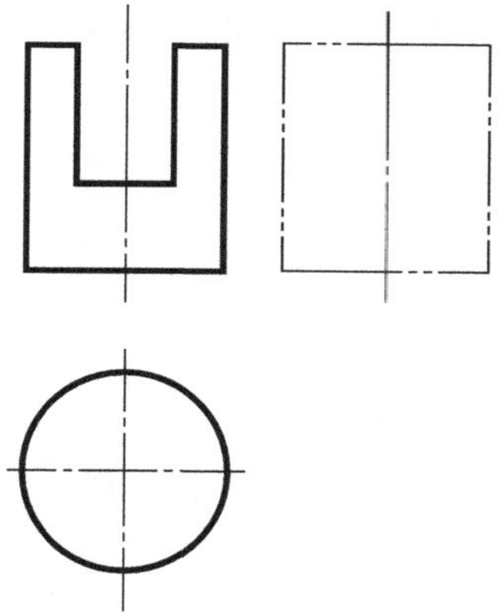

2. 完成开方孔圆柱的三视图

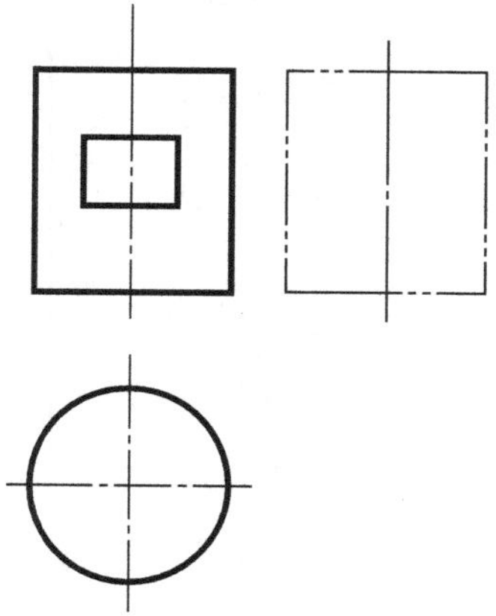

3. 补全圆柱被截切后的投影

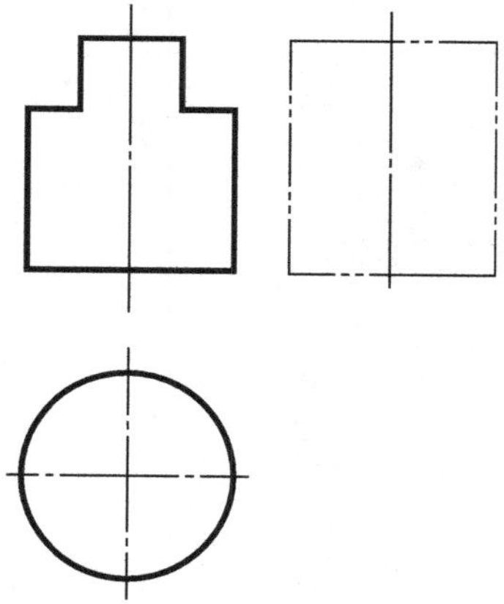

4. 补画圆柱筒被切槽后的投影

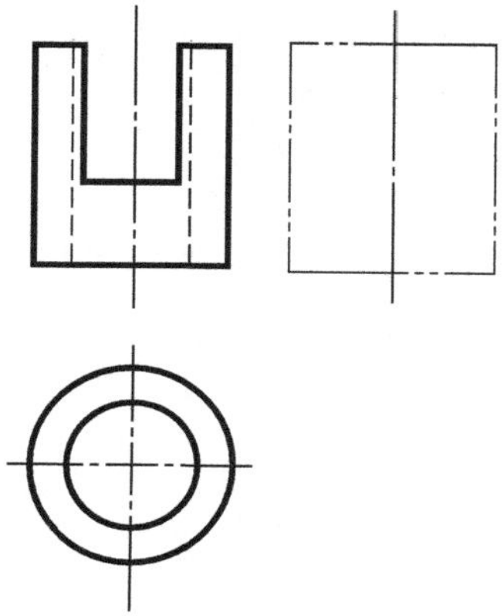

5. 补画圆台被截切后的投影

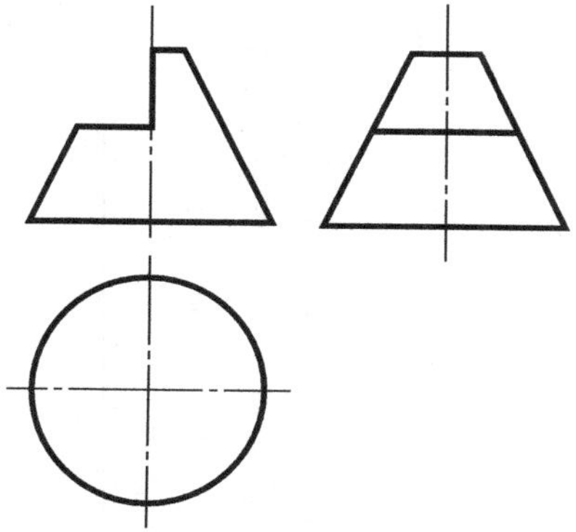

6. 补画半圆球被截切后的投影

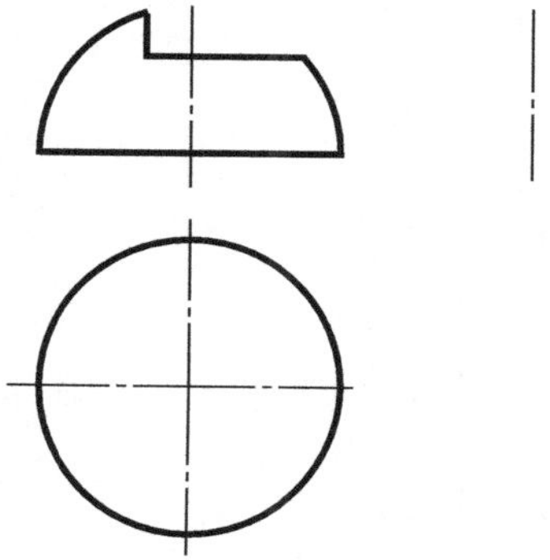

班级：　　　　姓名：　　　　学号：　　　　审核：

平面与回转立体的交线　4-8　按下面要求完成平面截切回转体的三视图（续）

7. 补画半圆球被截切后的左视图

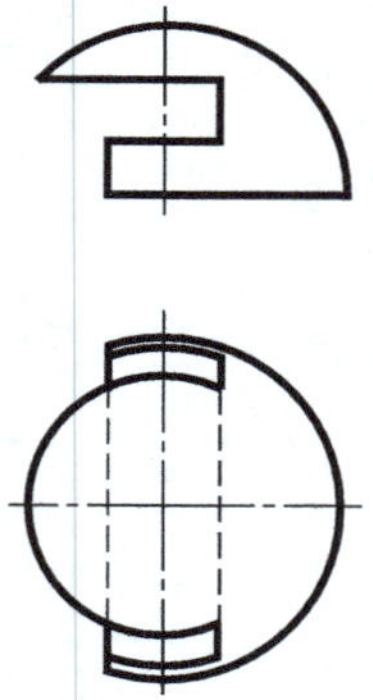

8. 补全圆锥台被截切后的投影

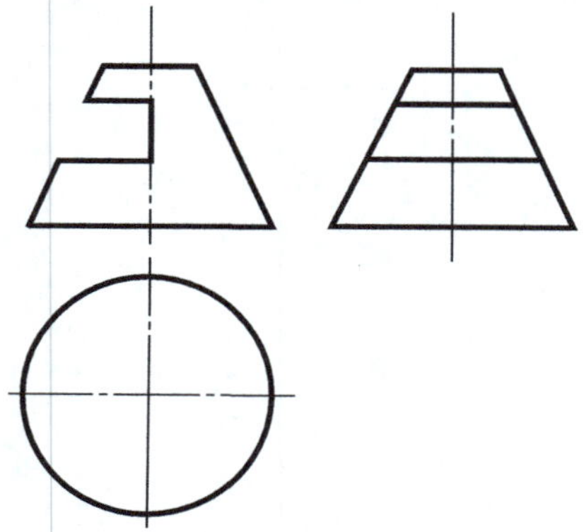

相贯线　4-9　利用积聚性求画相贯线

1.

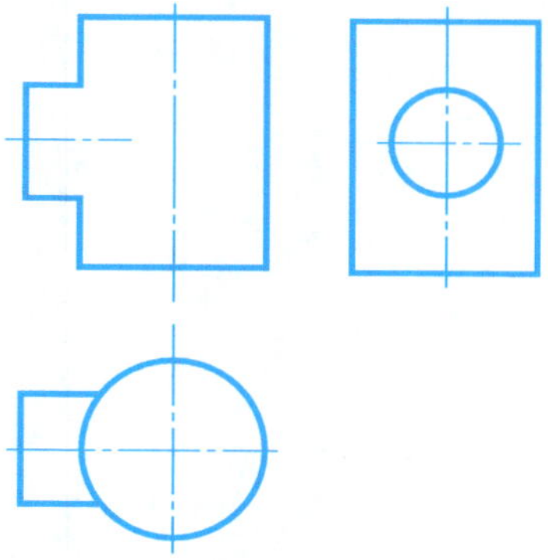

2.

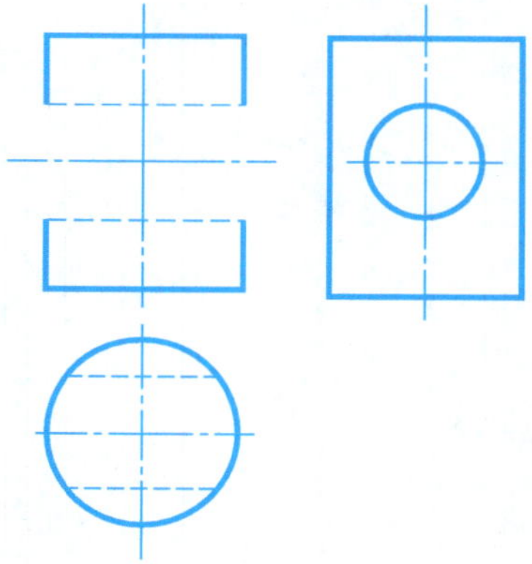

3.

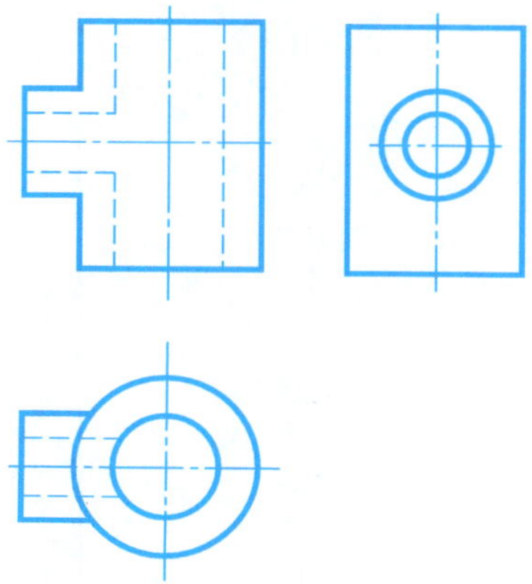

4.

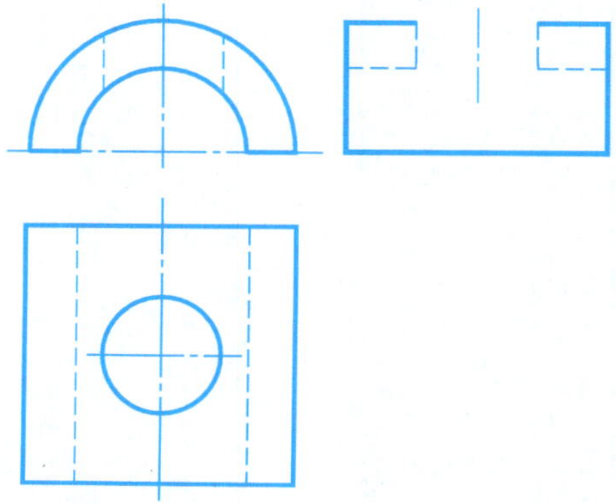

班级：　　　　姓名：　　　　学号：　　　　审核：

4-10 利用辅助平面求画相贯线

1.

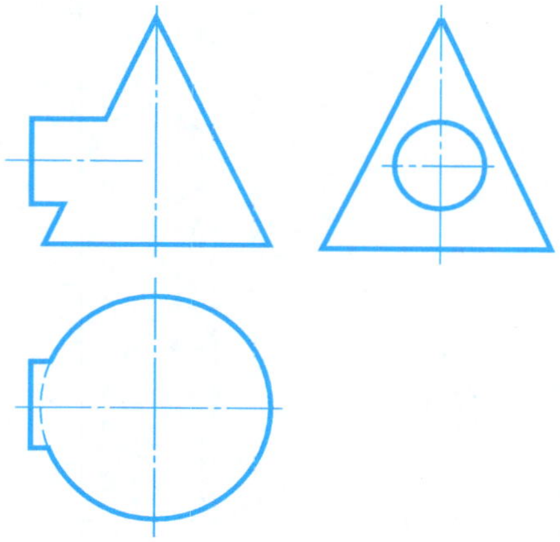

2.

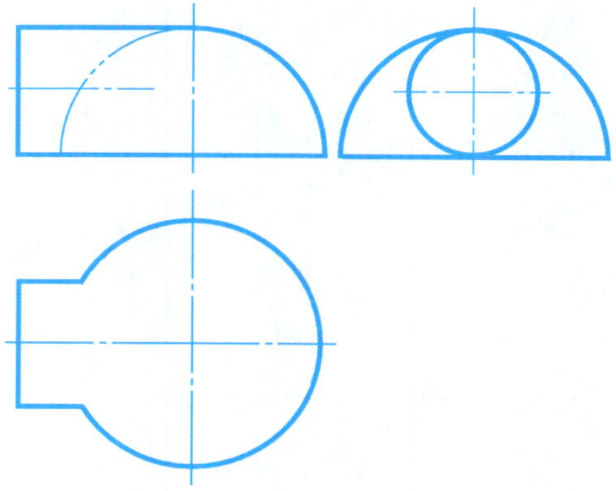

3.

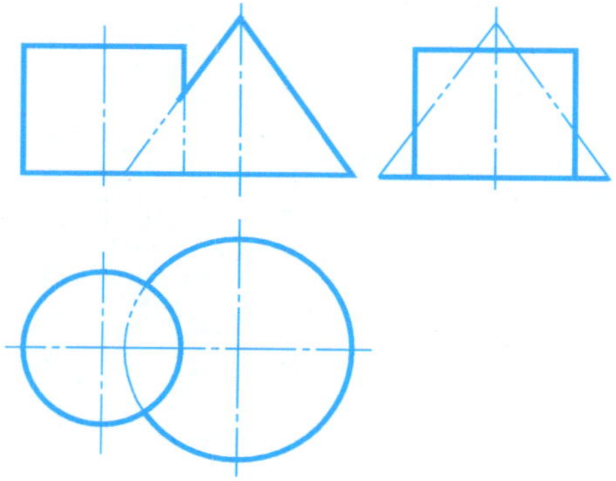

4.

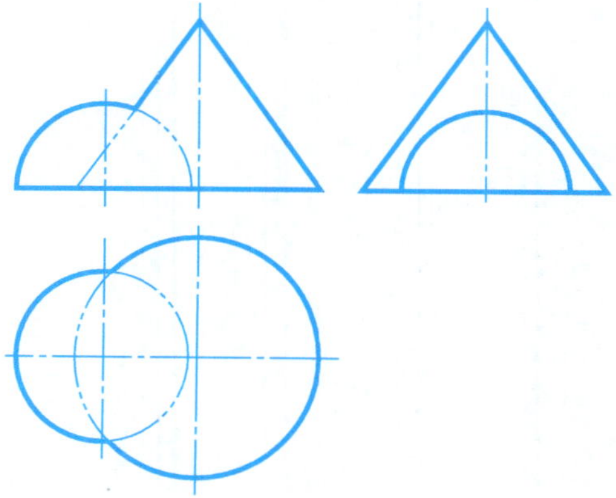

班级：　　　　姓名：　　　　学号：　　　　审核：

特殊相贯线　4-11　求特殊情况下的相贯线

1.

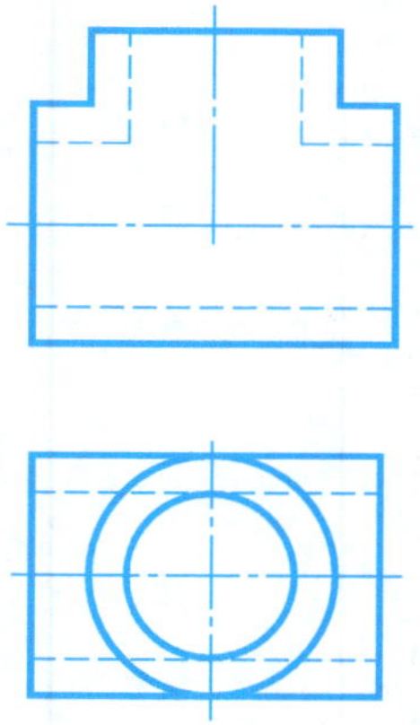

2.

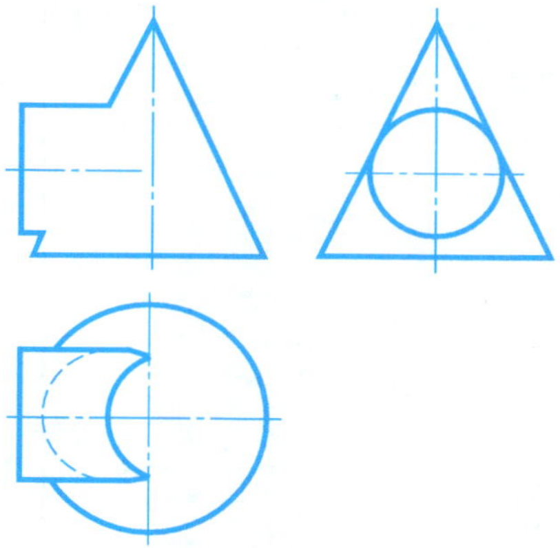

3.

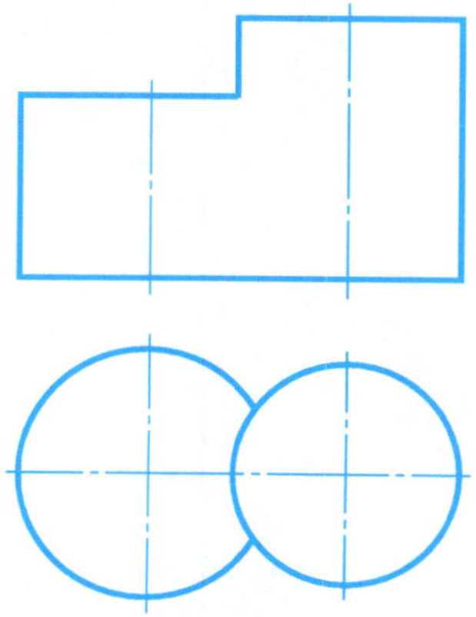

4.

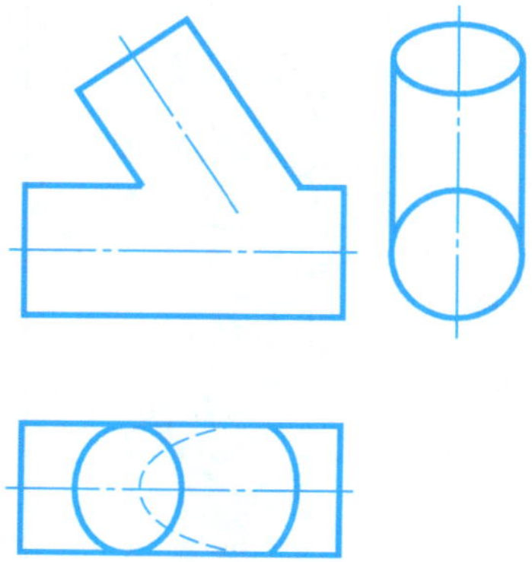

过渡线　4-12　补画过渡线

1.

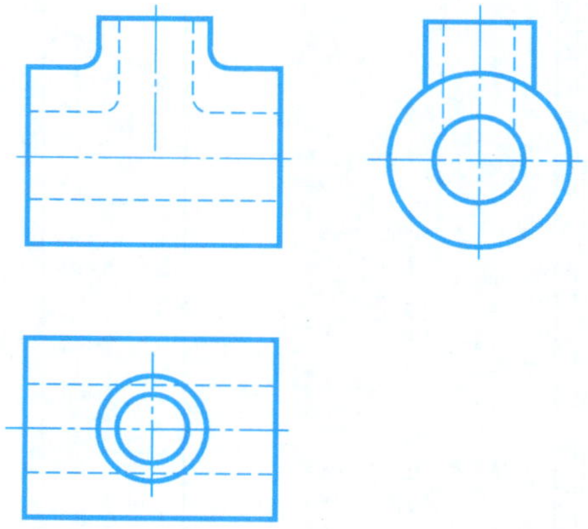

2.

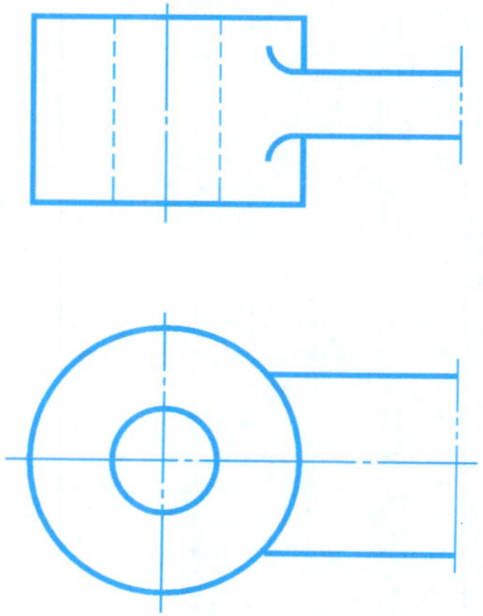

班级：　　　　姓名：　　　　学号：　　　　审核：

基本立体尺寸标注　4-13　标注下列立体的尺寸（数值从图中直接量取并取整数）

1.

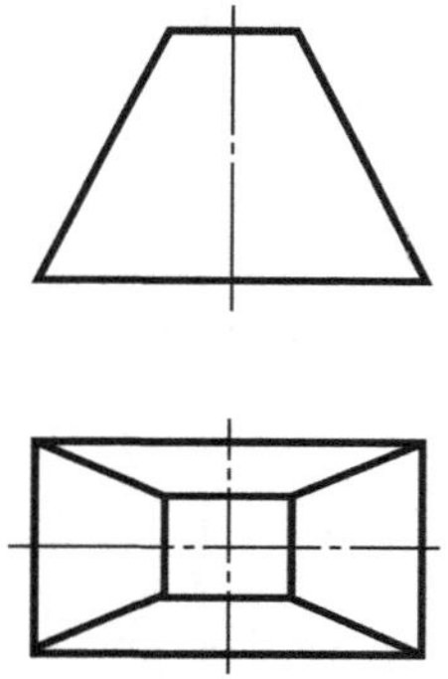

2.

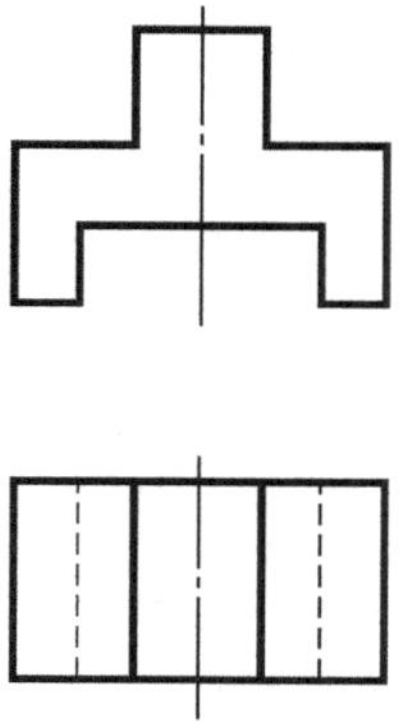

3.

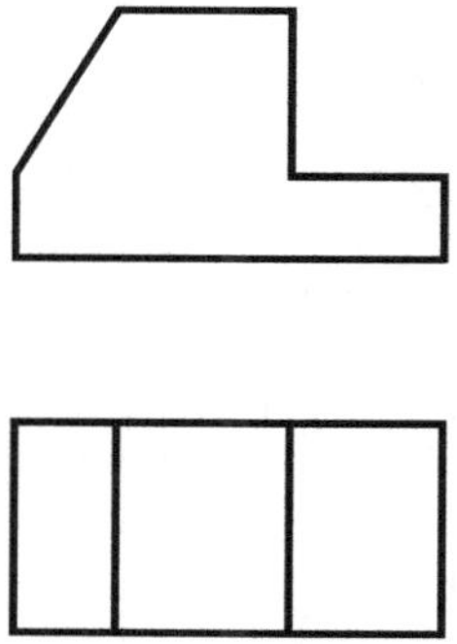

4.

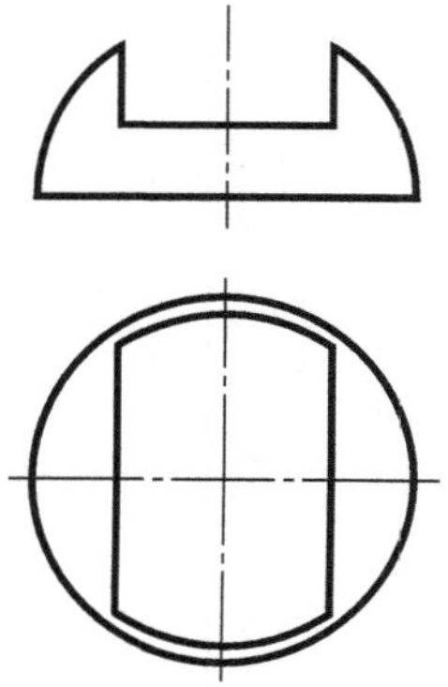

5.

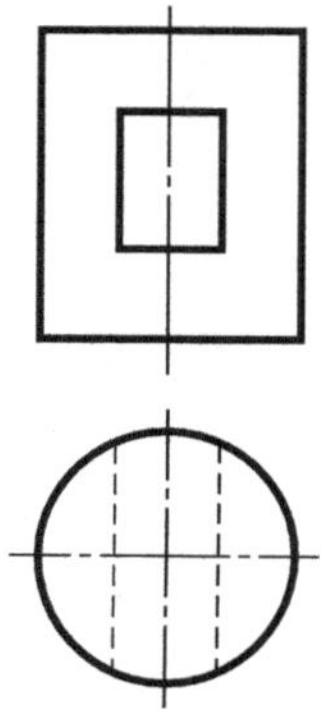

6.

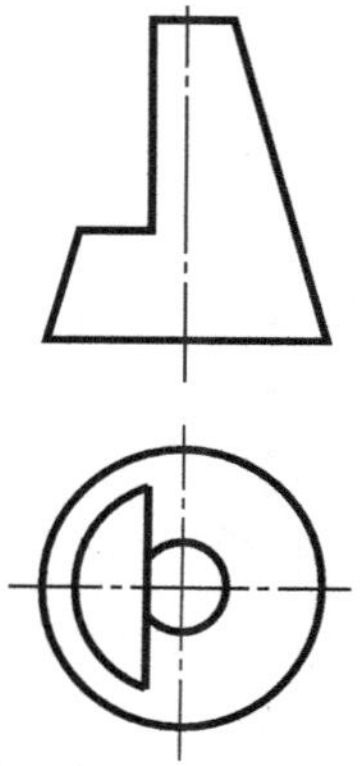

班级：　　姓名：　　学号：　　审核：

第 5 章　计算机绘制二维工程图

样板图　5-1　创建 A3 样板图

1. 建立样板图的目的

（1）提高绘图速度。

（2）绘出符合我国有关标准的图样。

2. 建立样板图的内容

（1）设置图层。选择下拉菜单：格式→图层。

内容包括图线的设置、图层颜色的选择、图线宽度的设置、线型的选择以及图层状态的设置。

（2）设置文字样式。选择下拉菜单：格式→文字样式。

设置文字样式的名称，文字的字体、字高、宽度因子和倾斜角度等。

（3）设置标注样式。选择下拉菜单：格式→标注样式。

设置尺寸标注样式的名称、尺寸线、尺寸界线、箭头大小等。选择文字样式，选择文字外观以及文字位置。调整标签一般选择缺省值；主单位标签需要选择单位、精度、小数点形式和比例等。

（4）绘制 A3 图幅、图框和标题栏。最后保存，其文件名后缀为“.dwt”或“.dwg”。

3. 建立样板图的方法

详见教材第 1 章、第 2 章和第 5 章有关内容与表格。

4. 样板图的应用：

（1）绘图时，首先建立新图。此时可以选择样板图即可。

（2）建立新图后，可用下拉菜单：插入→块→出现“块插入”对话框。在此对话框中选择“浏览”，打开 A3 样板图，返回“块插入”对话框，不选择“在屏幕上指定”，选择“分解”，单击“确定”，创建一幅新图。

也可以打开 A3 样板图，用下拉菜单：文件→另存为，在弹出的“另存为”对话框中，给新文件命名，创建一幅新图。

（3）用同样的方法建立 A0、A1、A2、A4 等样板图。

计算机抄画平面图　5-2　用 AutoCAD 抄画下图，标注尺寸

1.

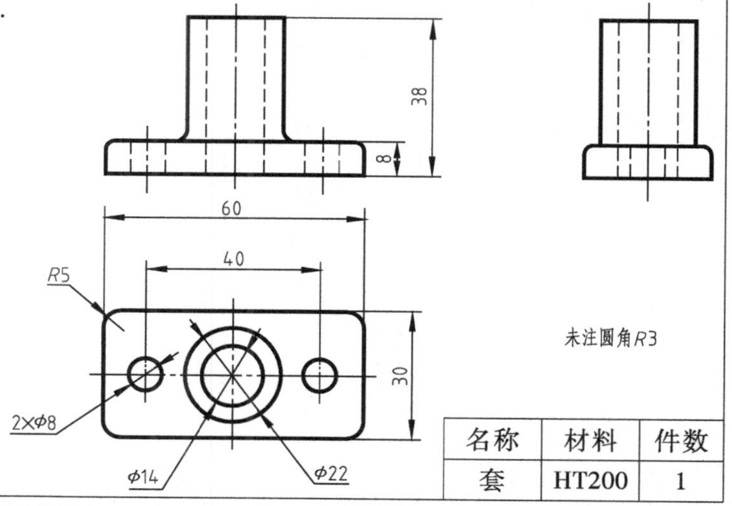

名称	材料	件数
套	HT200	1

2.

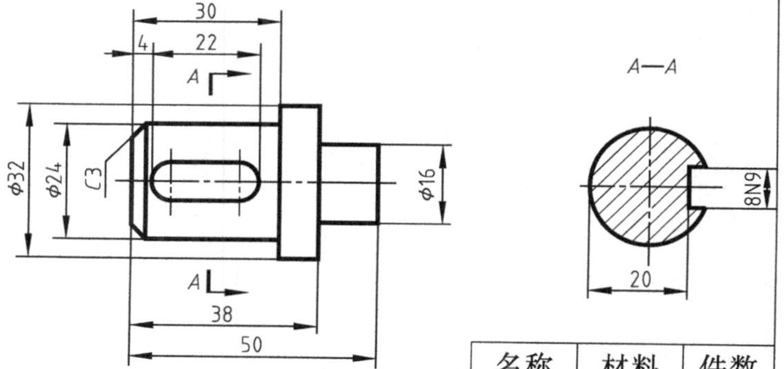

名称	材料	件数
小轴	45	2

班级：　　　　姓名：　　　　学号：　　　　审核：

计算机抄画平面图　5-3　用 AutoCAD 绘制下面图形，标注尺寸

1.

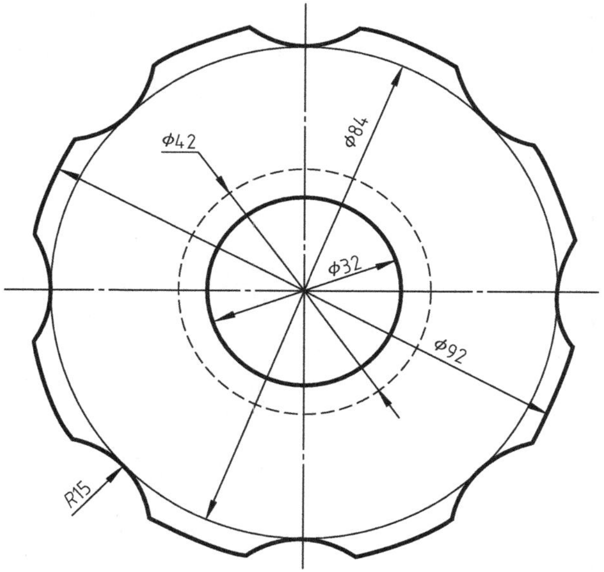

2.

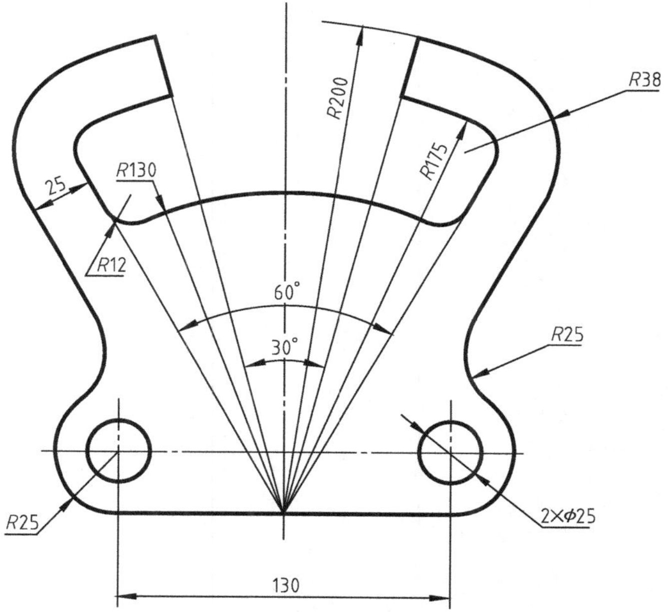

3.

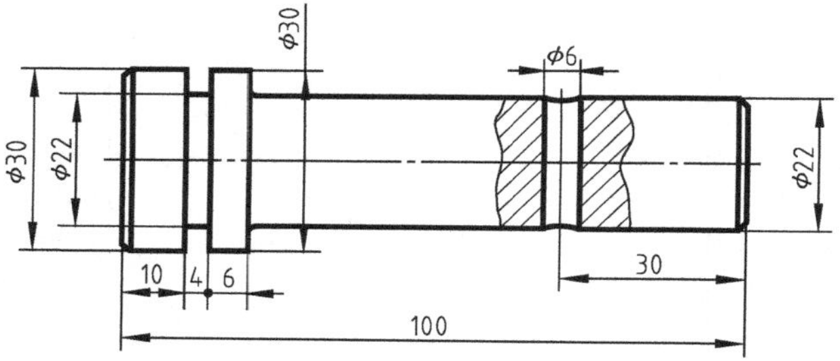

未注圆角R1
未注倒角C1

4.

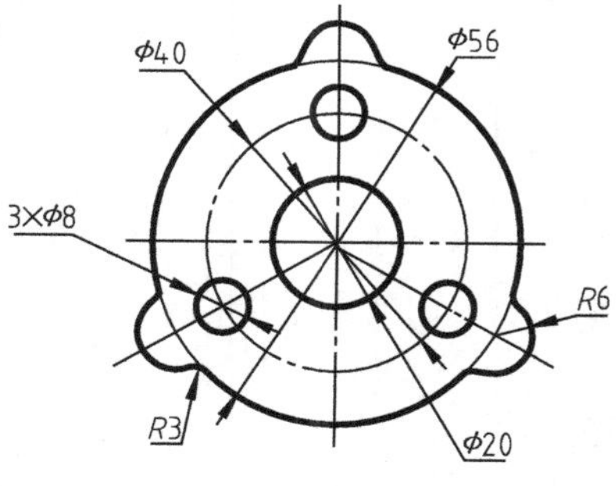

计算机绘制三视图　5-4　根据轴测图画出物体三视草图，标注尺寸；再用 AutoCAD 绘制其三视图，标注尺寸

1.

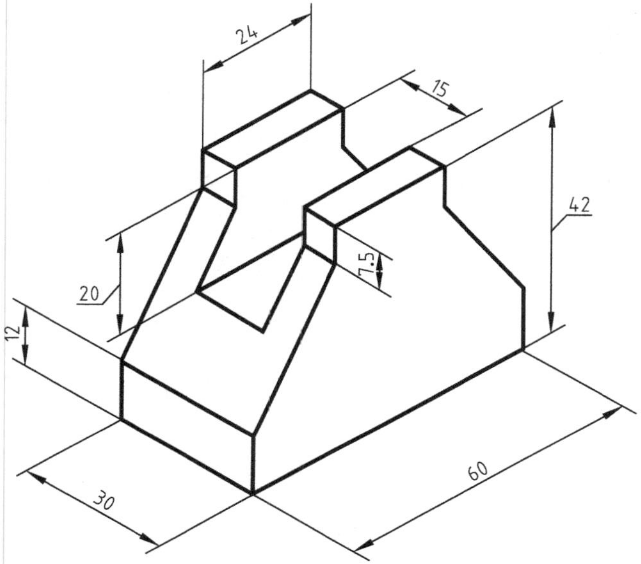

2.

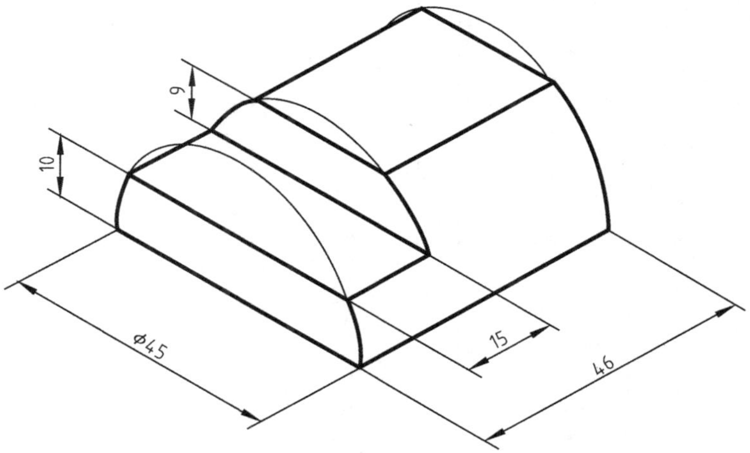

班级：　　　　姓名：　　　　学号：　　　　审核：

5-5 用计算机绘制（抄画）滑动半离合器零件图，标注尺寸

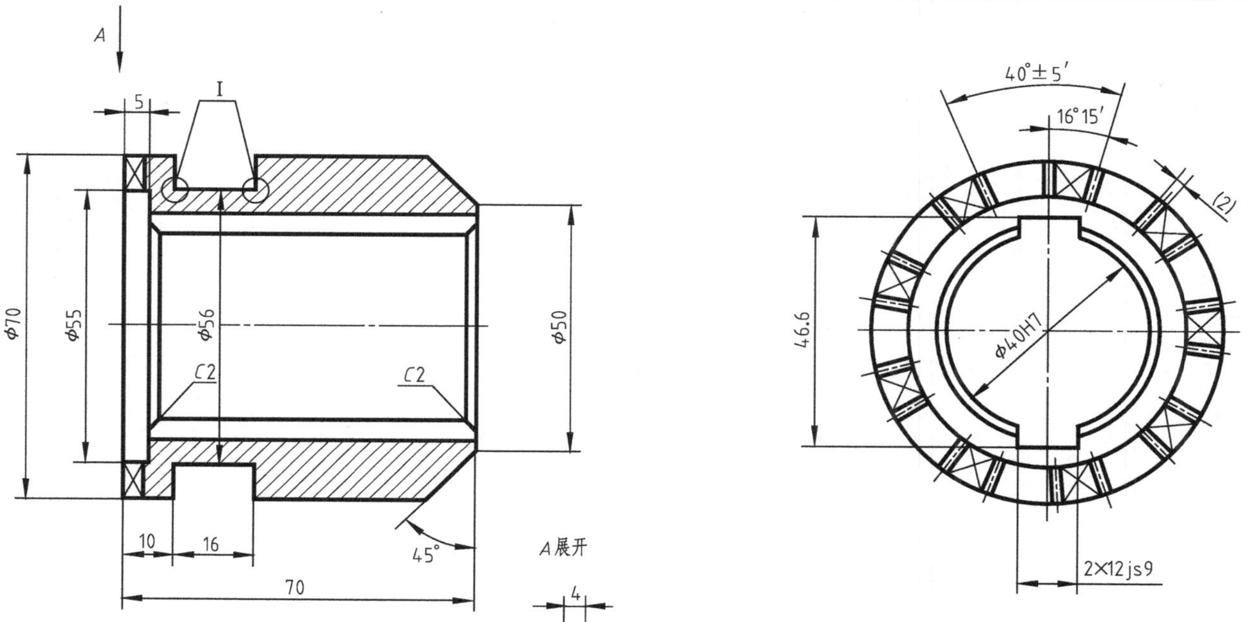

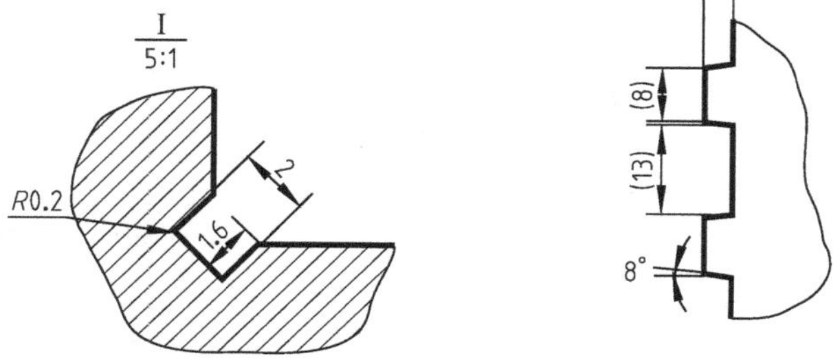

技术要求

1.加工后与固定半离合器一起套在轴上检查牙面接触，接触牙数不应小于全牙数一半，接触面应在60%以上。

2.线性尺寸的未注公差为GB/T 1804-m。

滑动半离合器			比例	数量	材料	（图号）
			1∶1	2		
制图			（校名）			
审核						

班级：　　姓名：　　学号：　　审核：

第6章　组合体

组合体三视图画法　6-1　根据下列组合体的轴测图和所标注的尺寸，按1∶1的比例在指定位置绘制三视图（图中孔、槽均为通孔、通槽）

1.

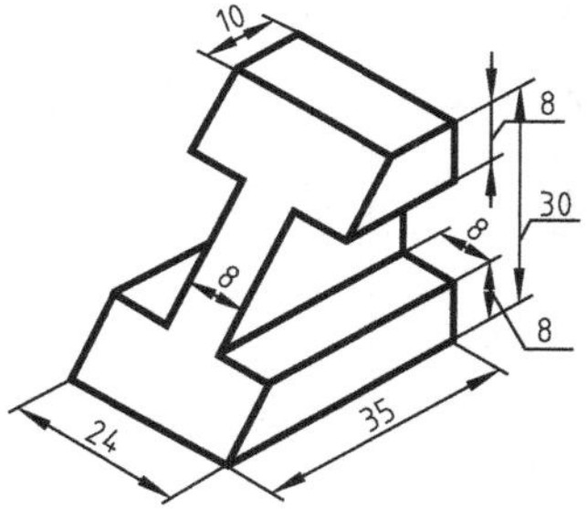

2.

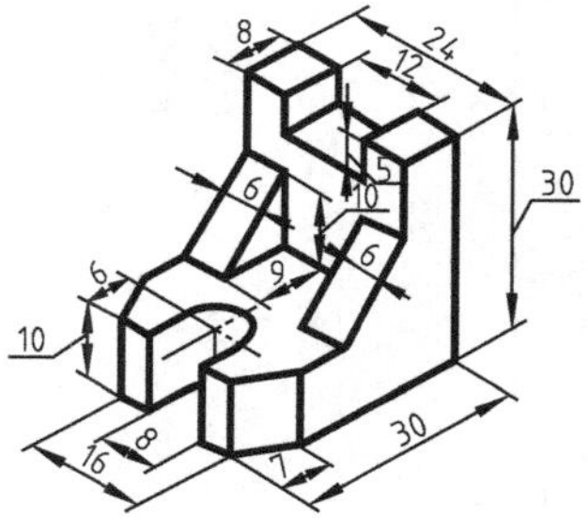

3.

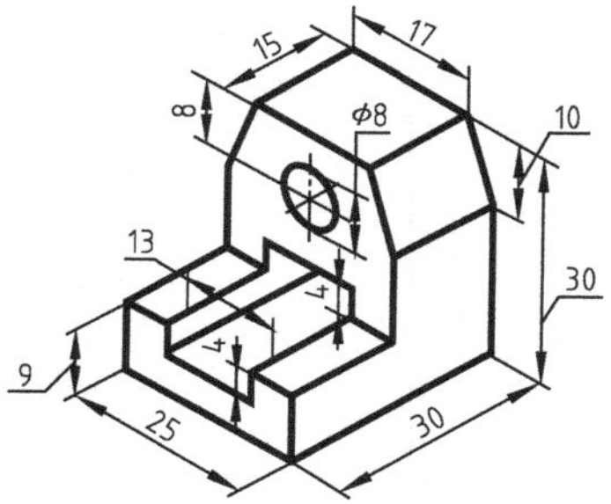

4.

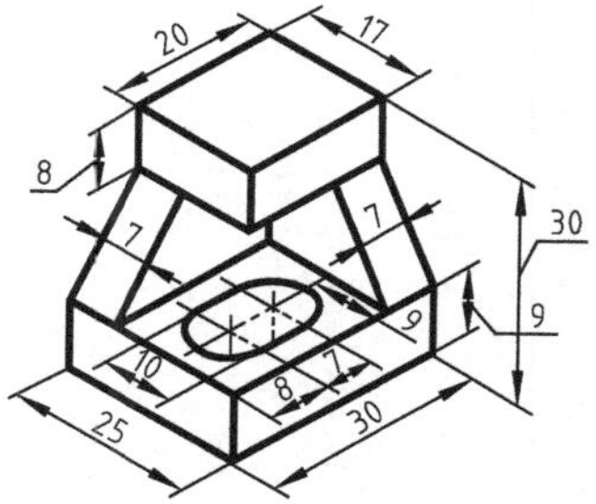

组合体三视图画法　6-2　根据下列组合体的轴测图和所标注的尺寸，按 1：1 的比例在指定位置绘制三视图（图中孔、槽均为通孔、通槽）

1.

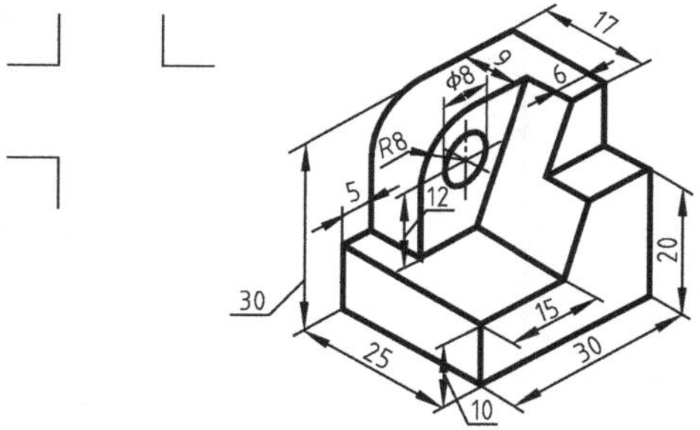

2.

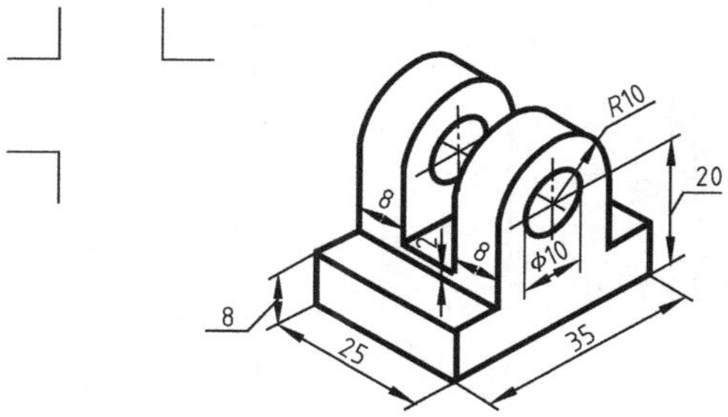

3.

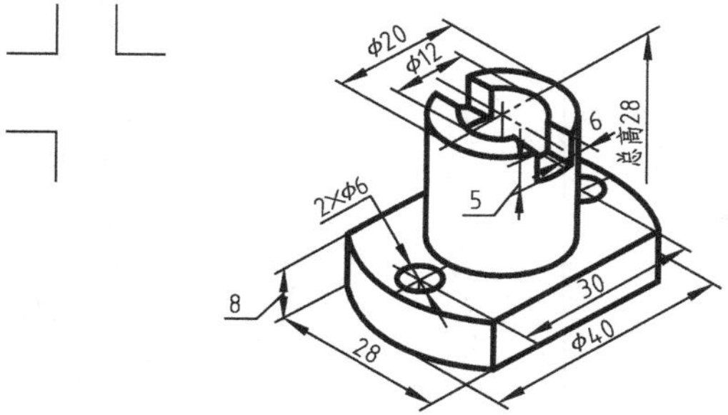

4.

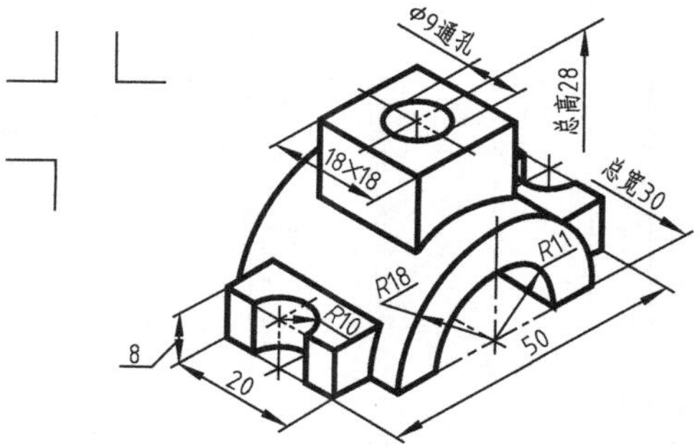

补画视图中所缺的图线　6-3　根据轴测图及三视图补全视图中所缺的图线

1.

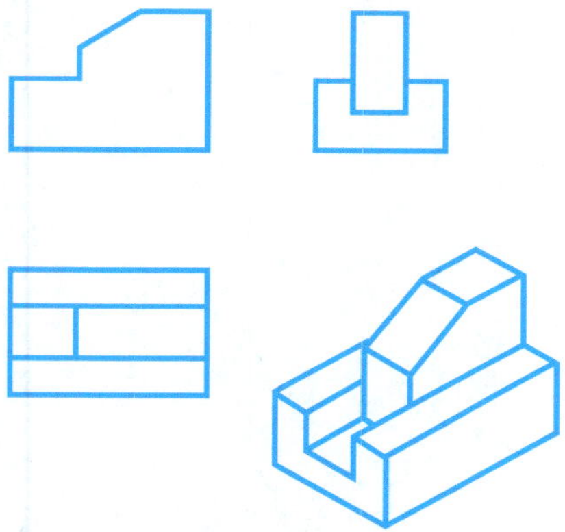

2.

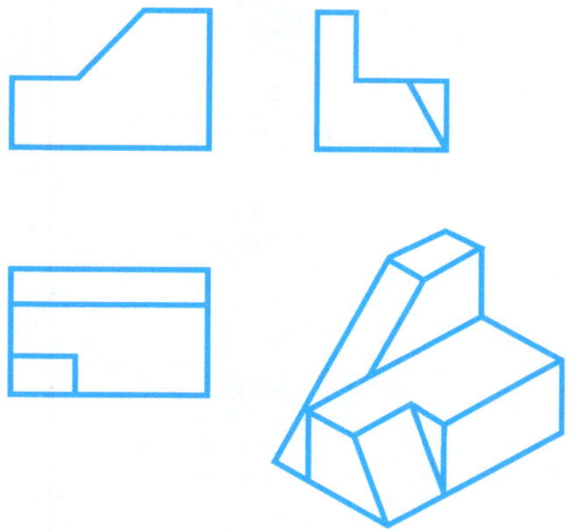

3.

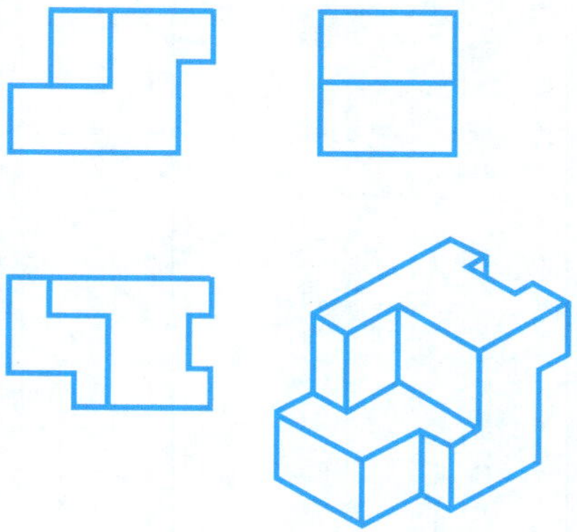

4.

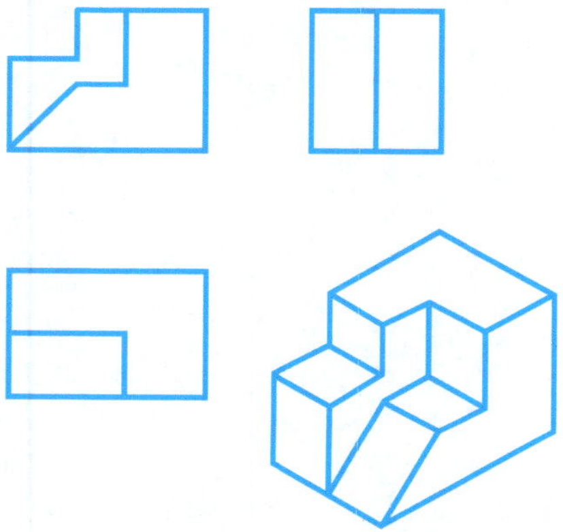

5.

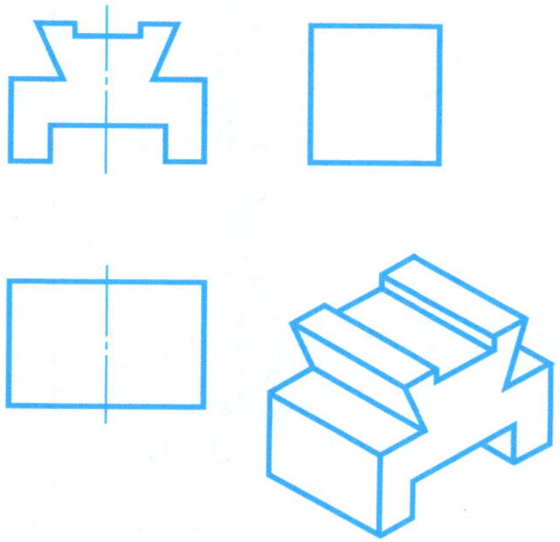

6.

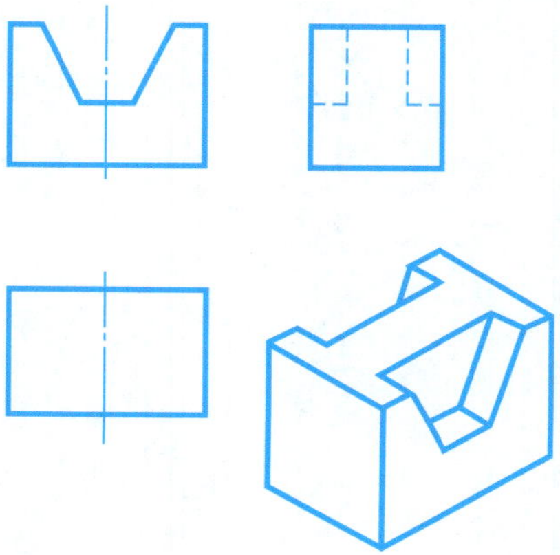

班级：　　　　姓名：　　　　学号：　　　　审核：

6-4　根据轴测图及三视图补全视图中所缺的图线

1.

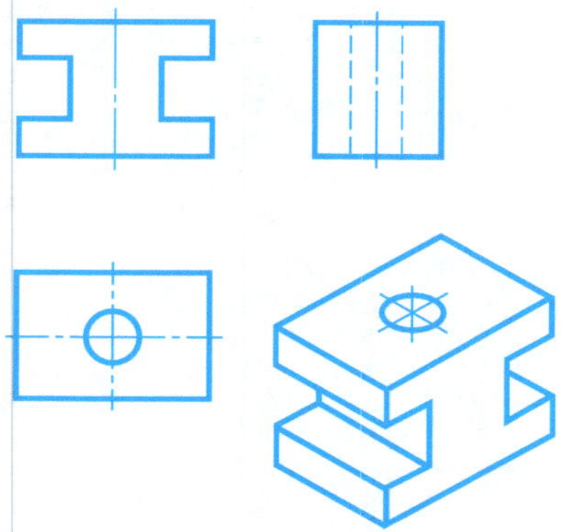

2.

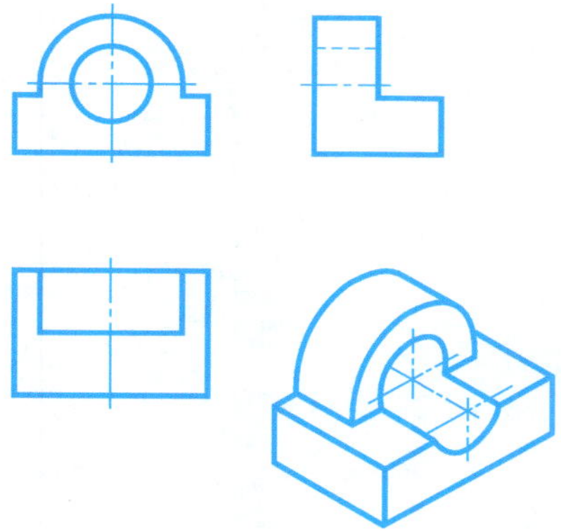

3.

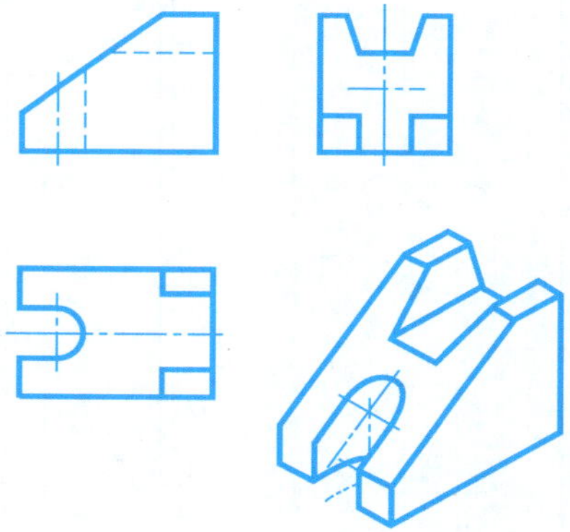

4.

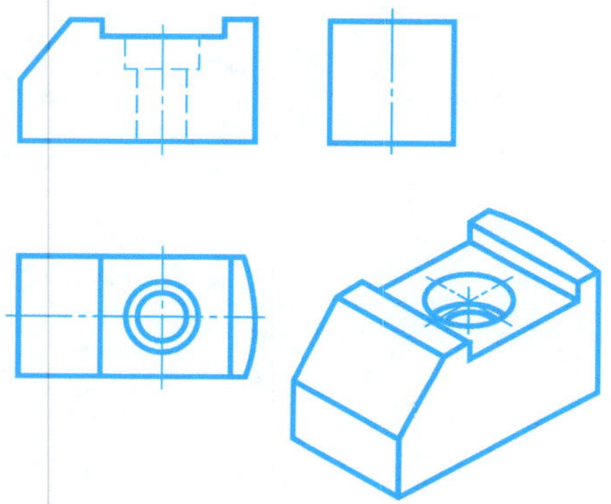

5.

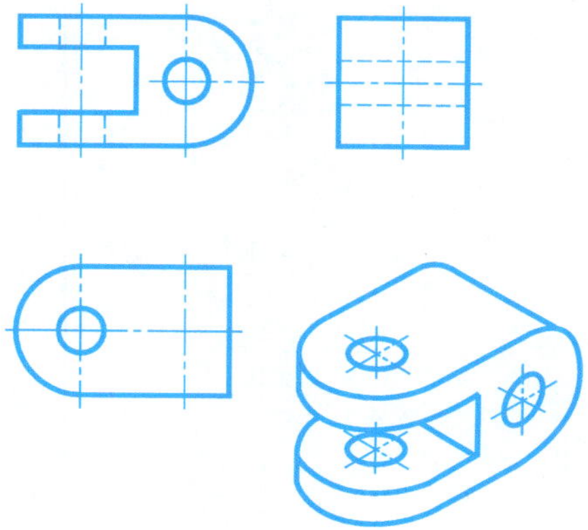

6.

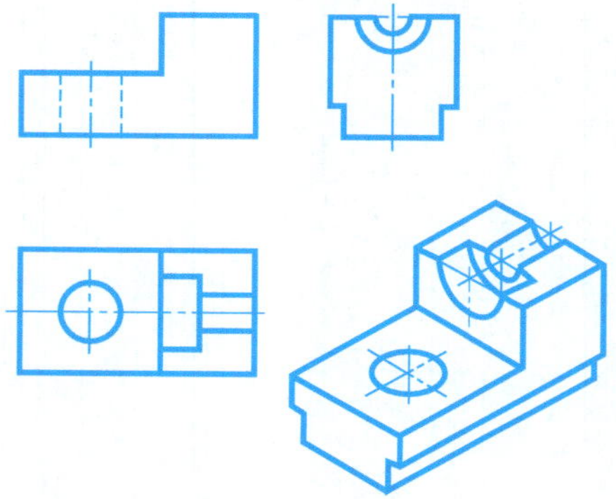

班级：　　　　姓名：　　　　学号：　　　　审核：

1.

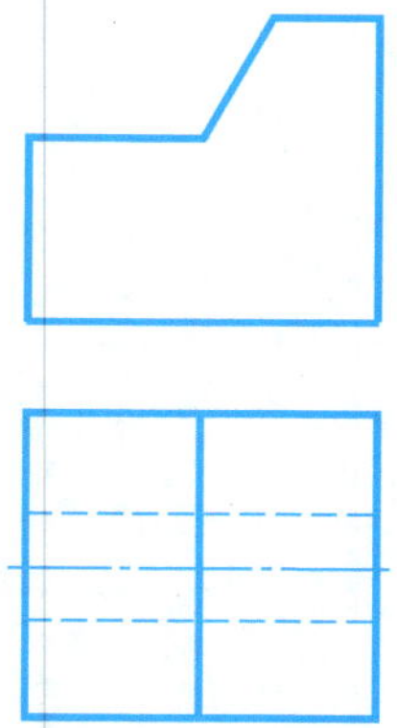

2.

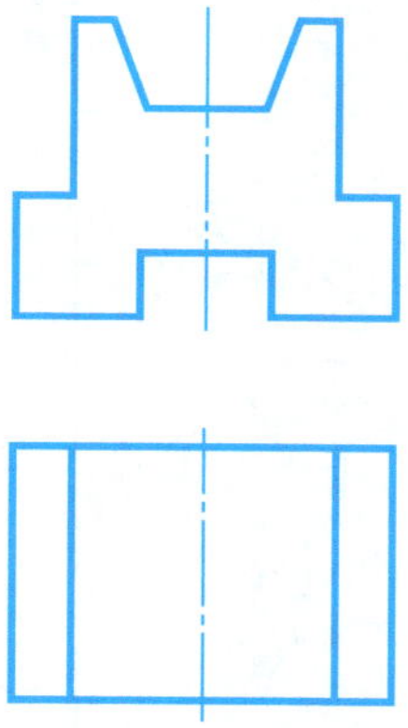

3.

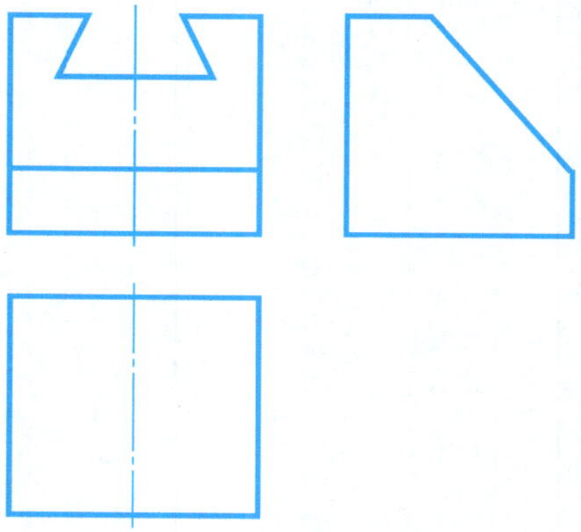

4.

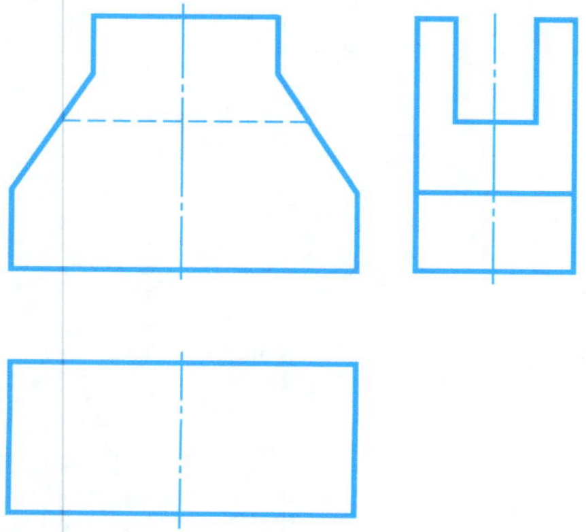

5.

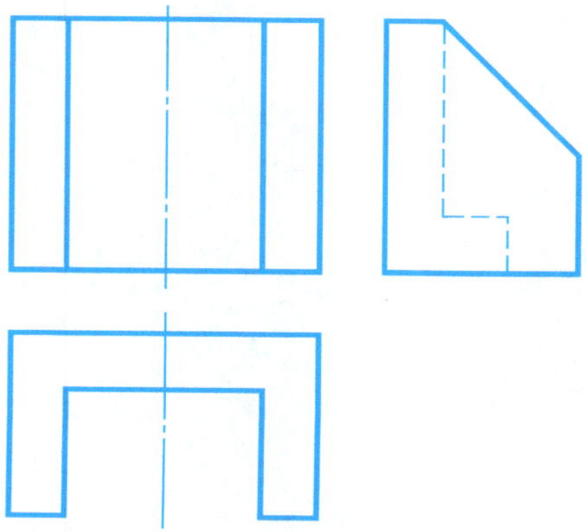

6.

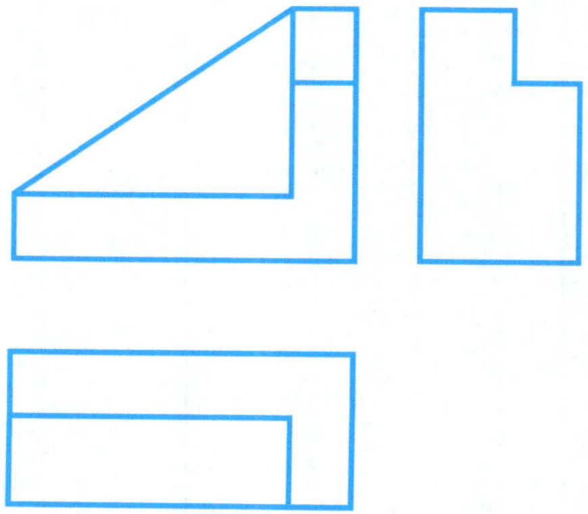

班级：　　姓名：　　学号：　　审核：

补画视图中所缺的图线　6-6　补画视图中所缺的图线

1.

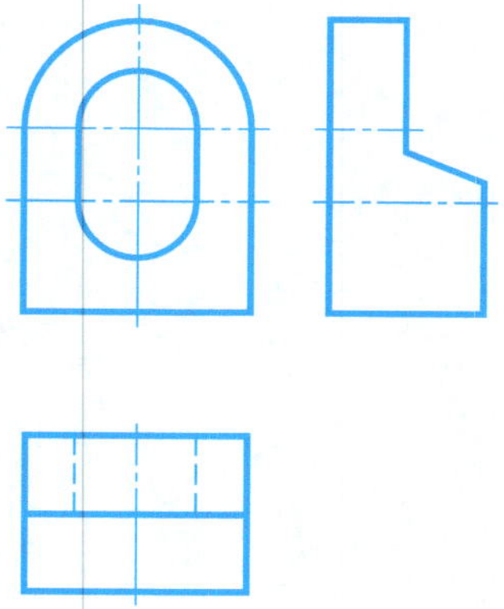

2.

3.

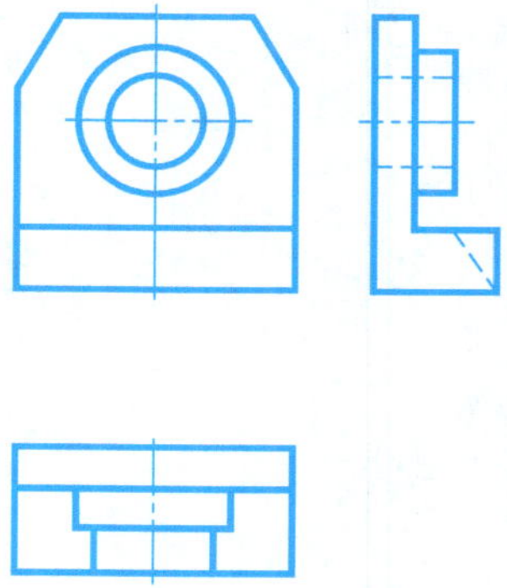

4.

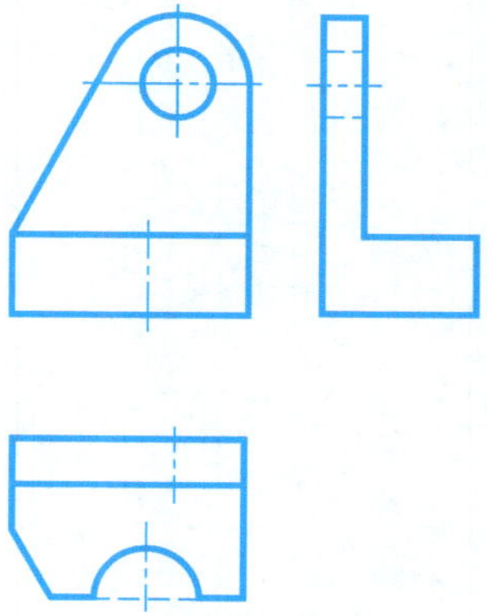

5.

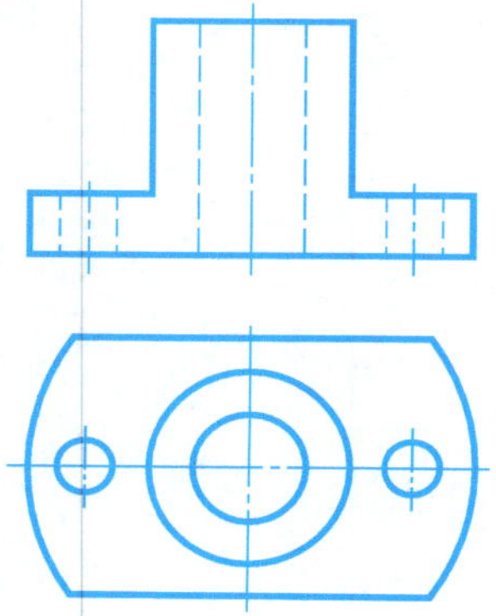

6.

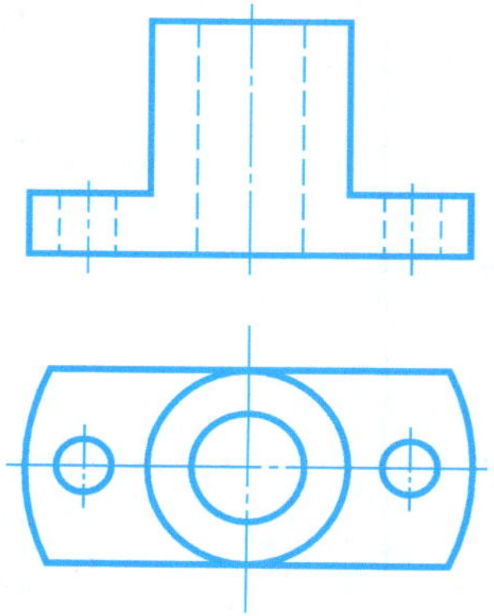

7.

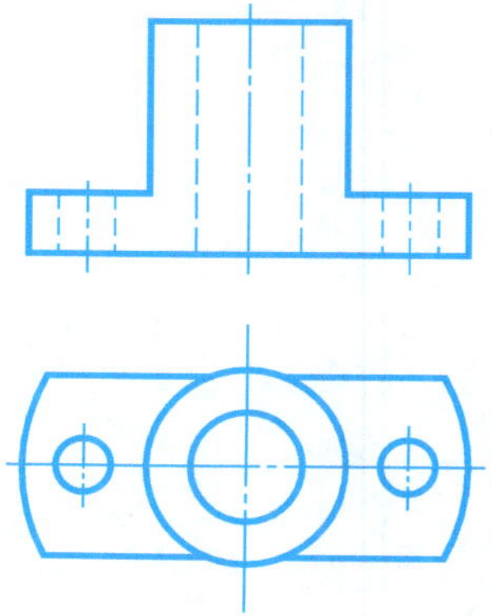

8.

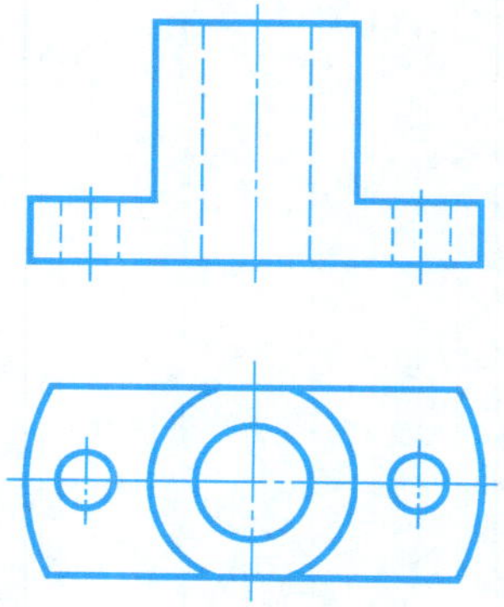

6-7 根据组合体的主、俯视图补画左视图

1.

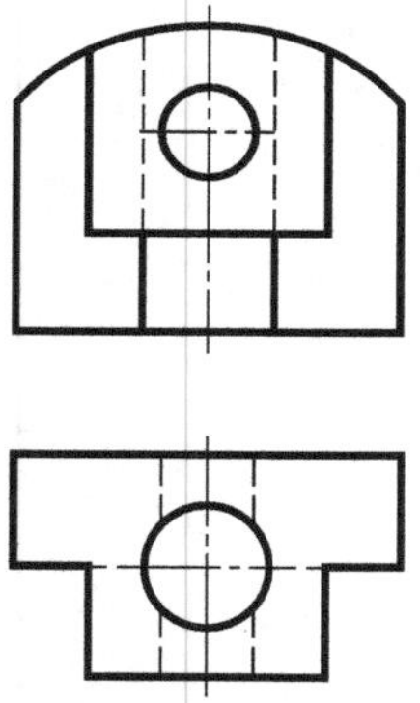

2.

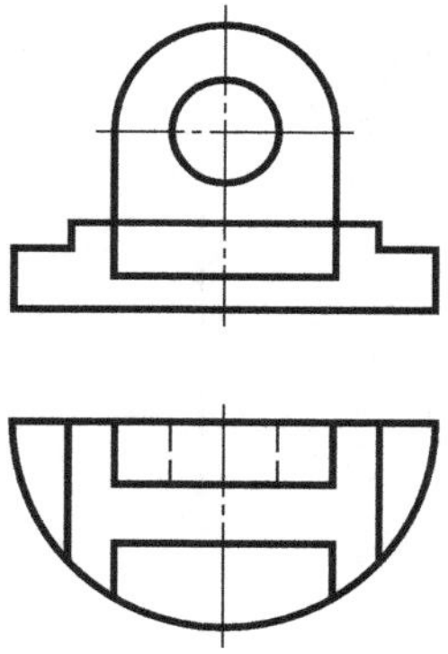

3.

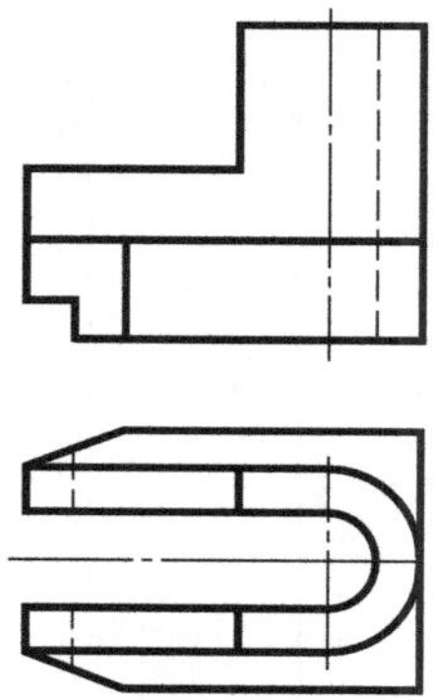

4.

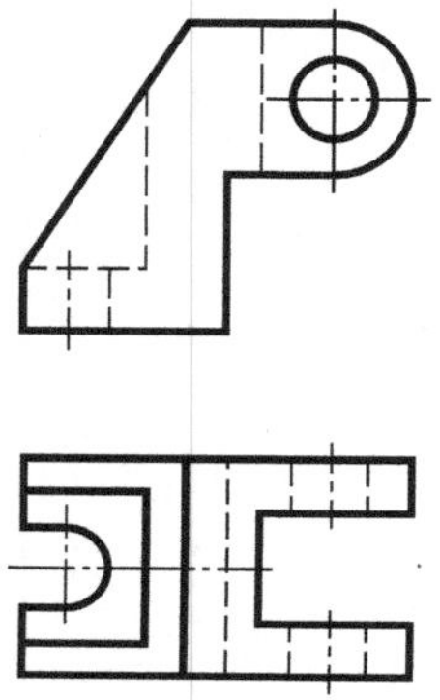

5.

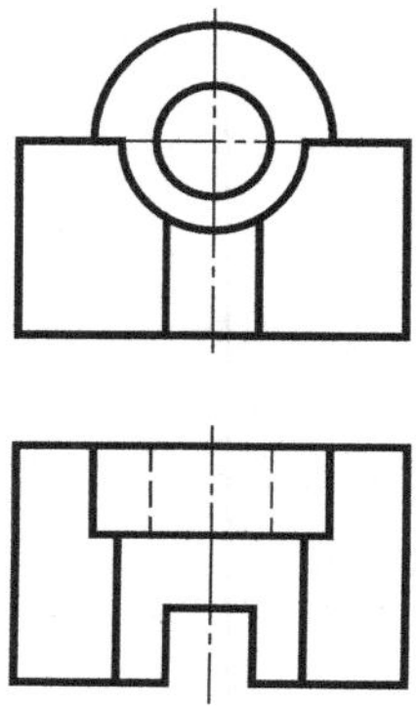

6.

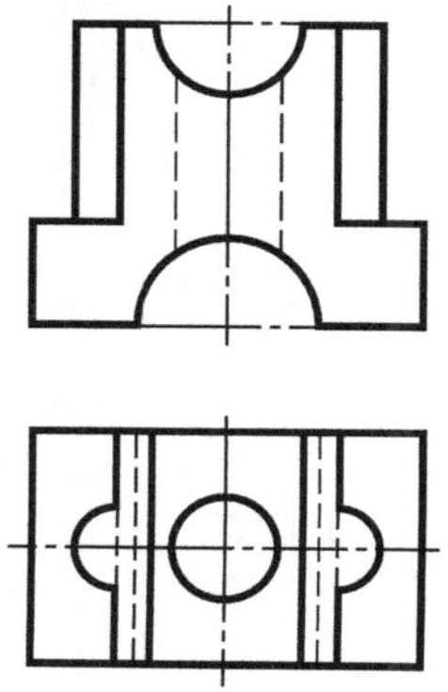

补画组合体的第三视图　6-8　根据组合体的主、左视图补画俯视图

1.

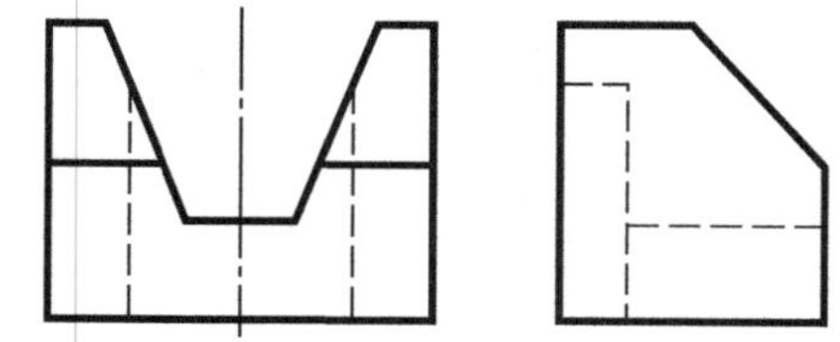

2.

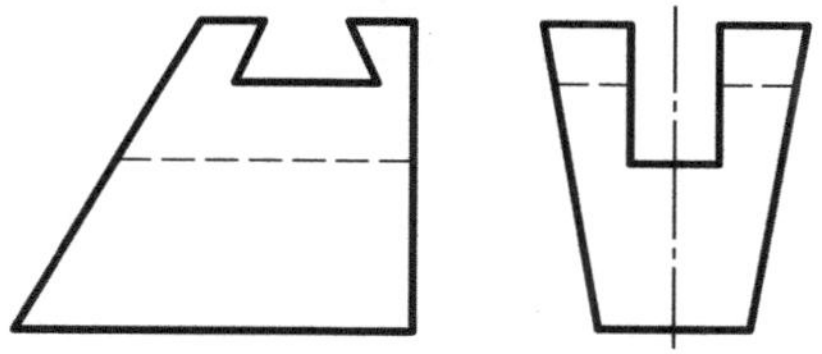

3.

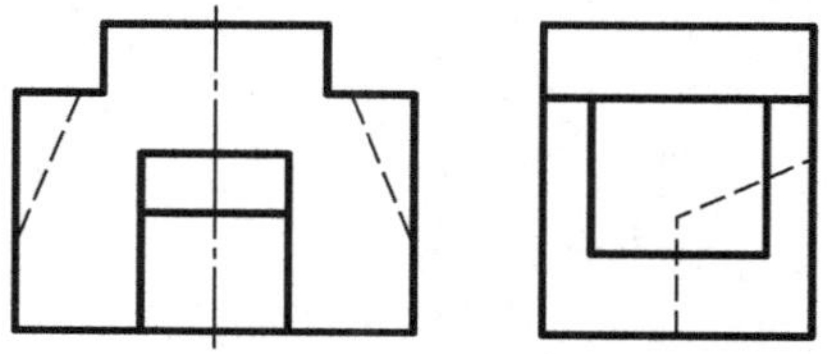

4.

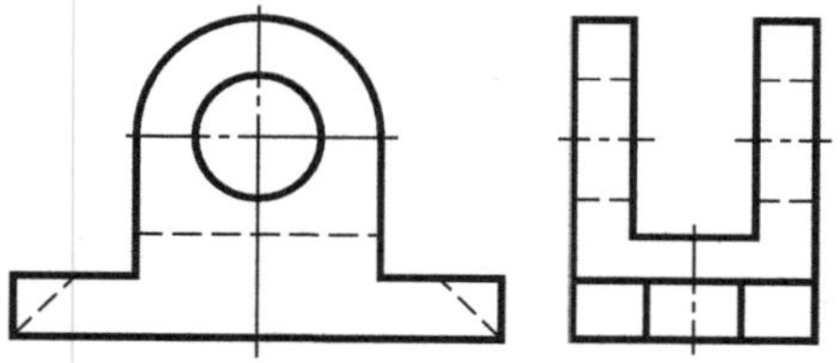

5.

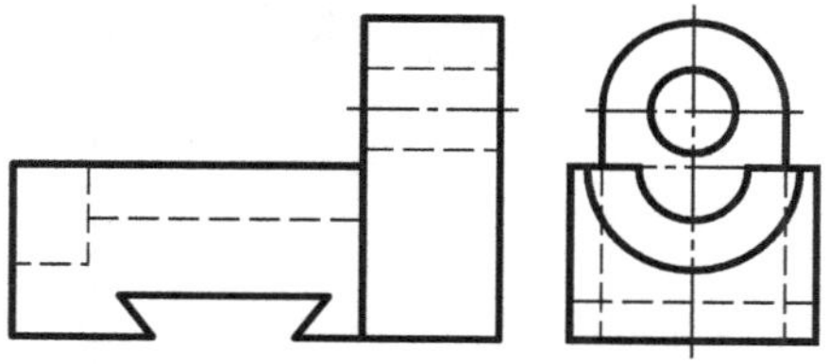

6.

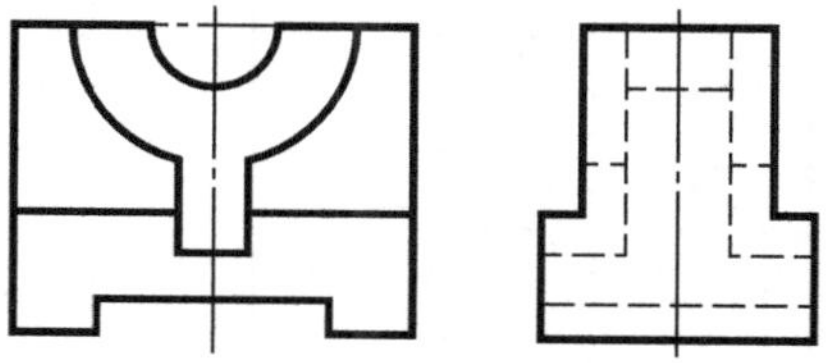

班级：　　姓名：　　学号：　　审核：

6-9 根据组合体的俯、左视图补画主视图

1.

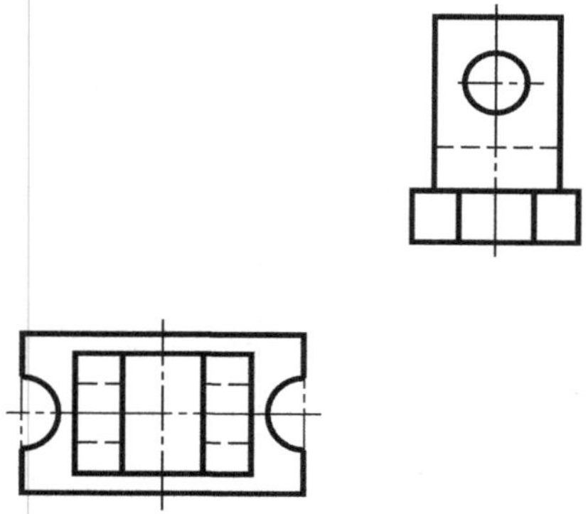

2.

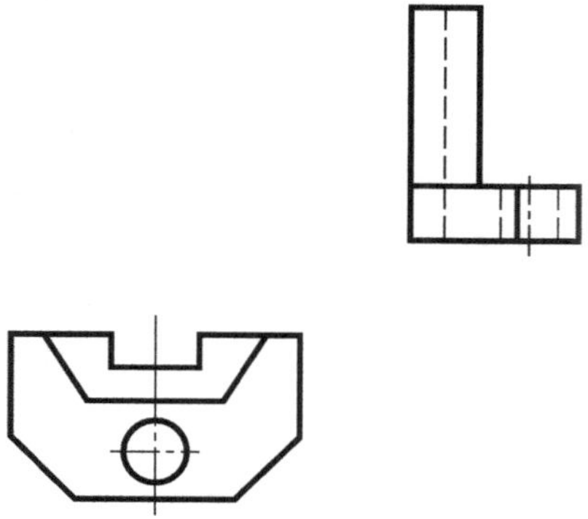

3.

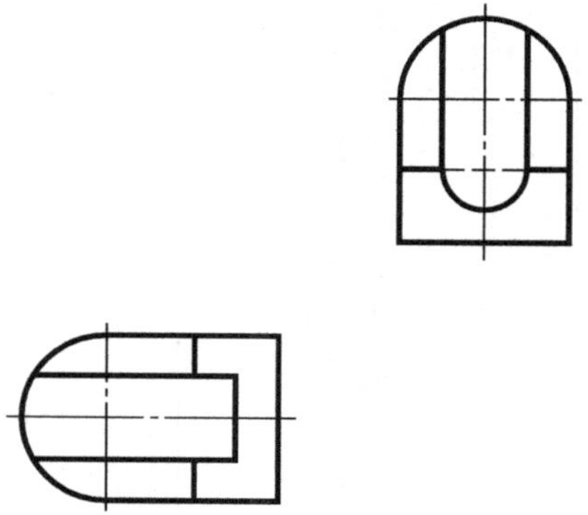

4.

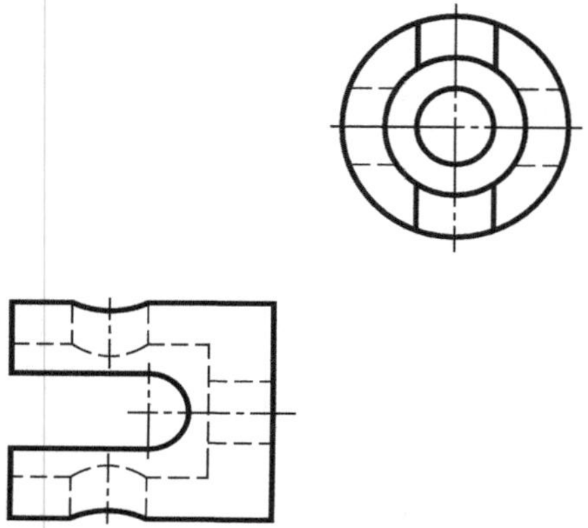

5.

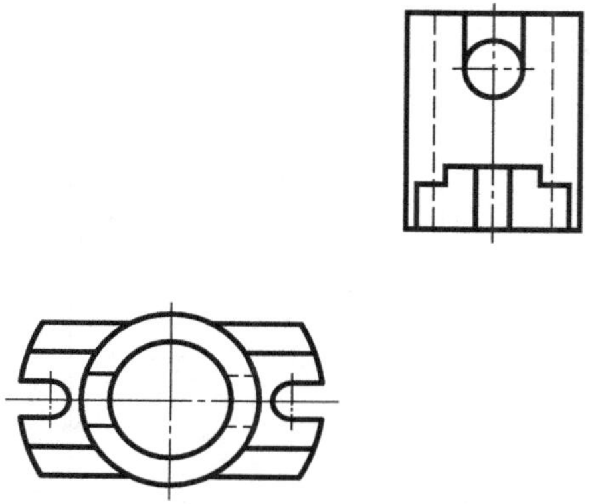

6.

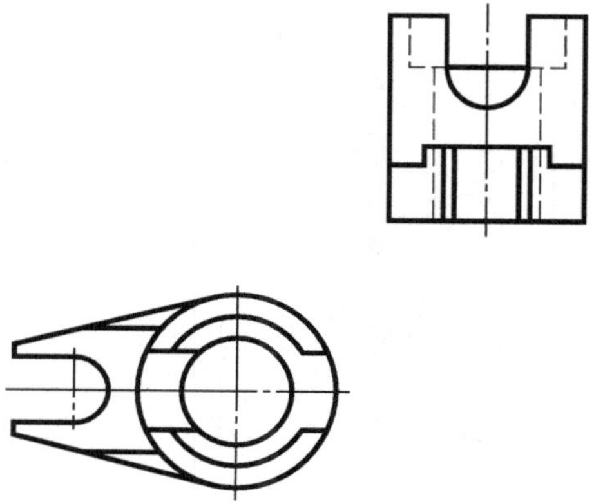

班级：　　　　姓名：　　　　学号：　　　　审核：

组合体的尺寸标注　6-10　标注下列组合体的尺寸（尺寸数值从图中量取并取整数）

1.

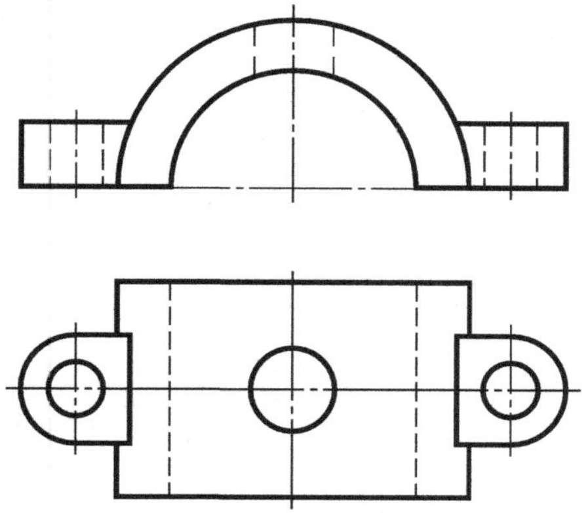

2.

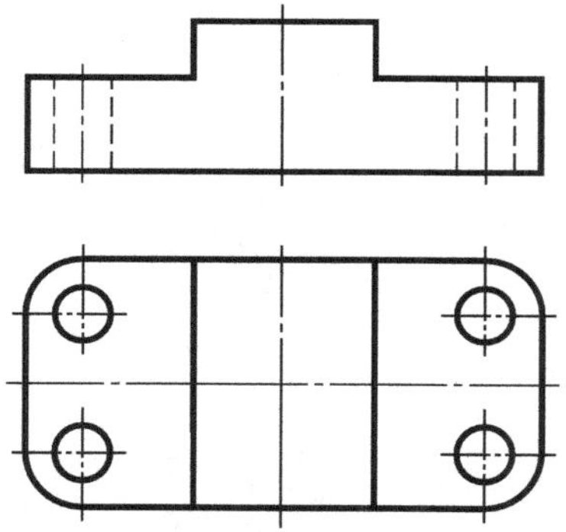

3.

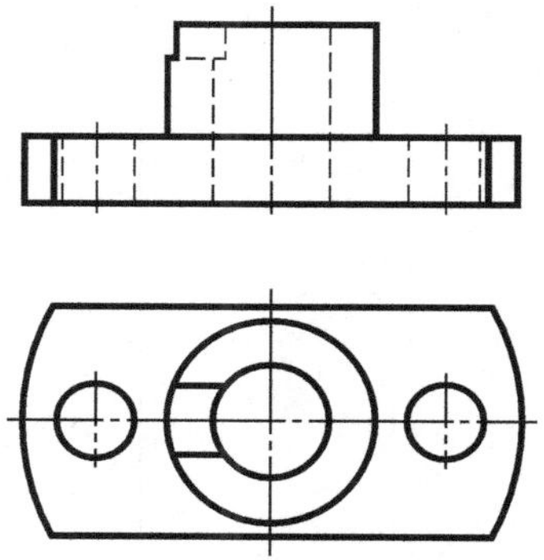

4.

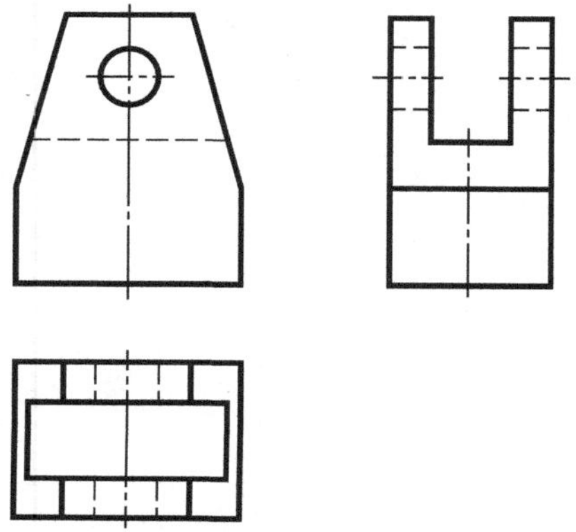

5.

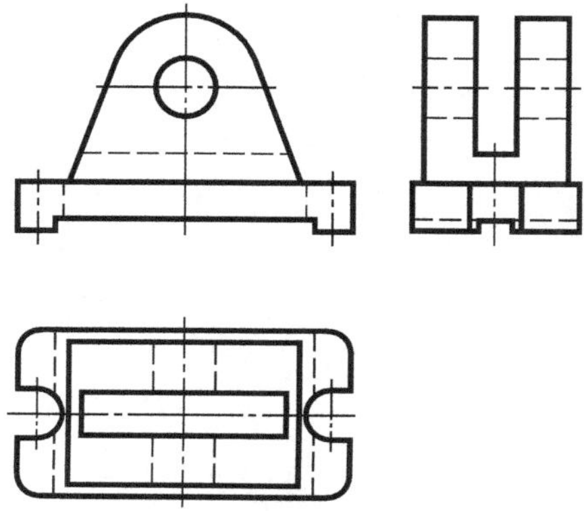

6.

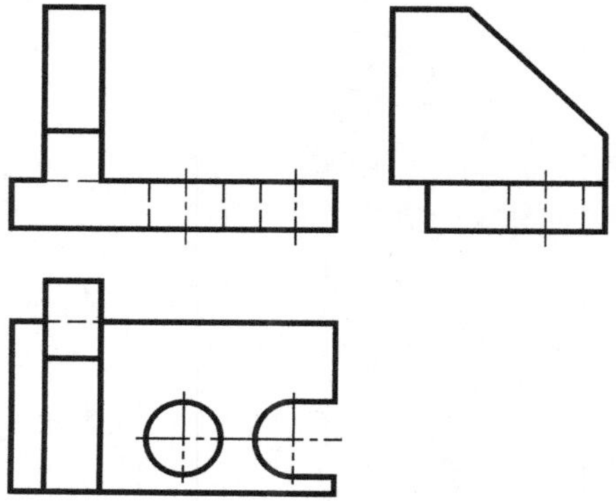

班级：　　姓名：　　学号：　　审核：

组合体的构型练习　6-11　根据已知的主视图，构思不同形状结构的组合体，绘制出俯、左视图

1.

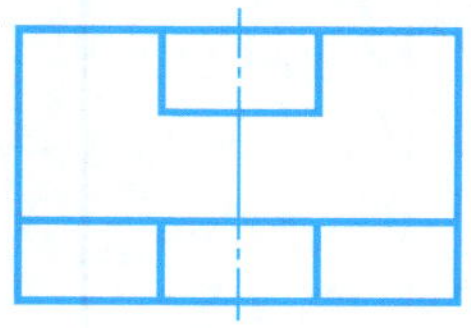

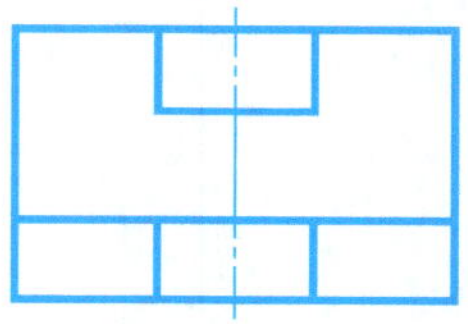

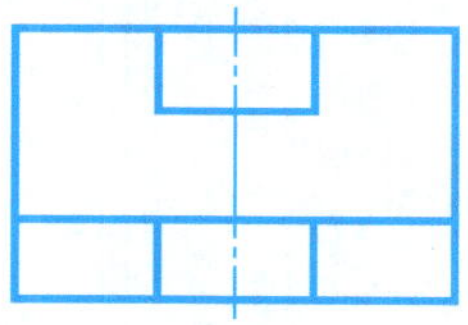

2.

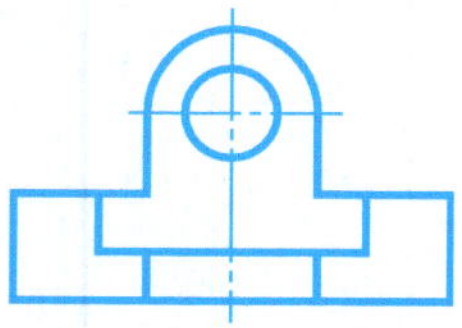

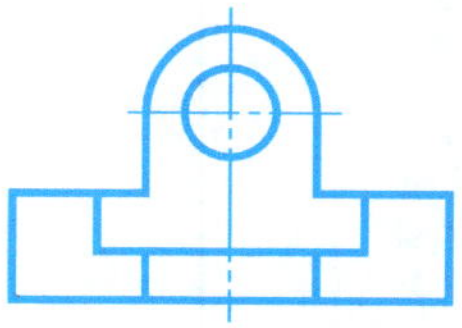

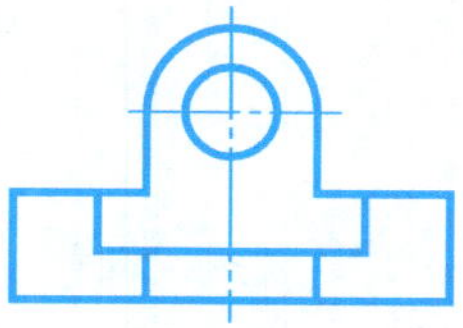

班级：　　姓名：　　学号：　　审核：

组合体的构型练习　6-12　根据已知的主、俯视图，构思不同形状结构的组合体，绘制左视图

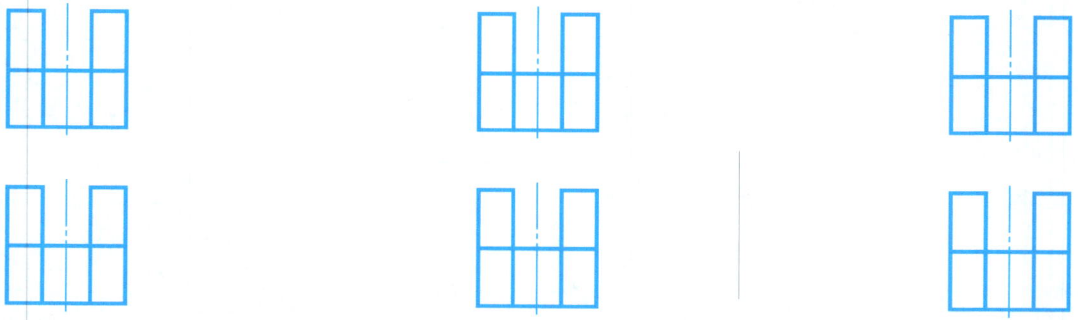

组合体的构型练习　6-13　根据已知的三视图，想象组合体的形状结构，构思一个与之嵌合后分别构成一个完整的（1）长方体、（2）圆柱体的另一组合体，并绘制出其三视图

1. 长方体

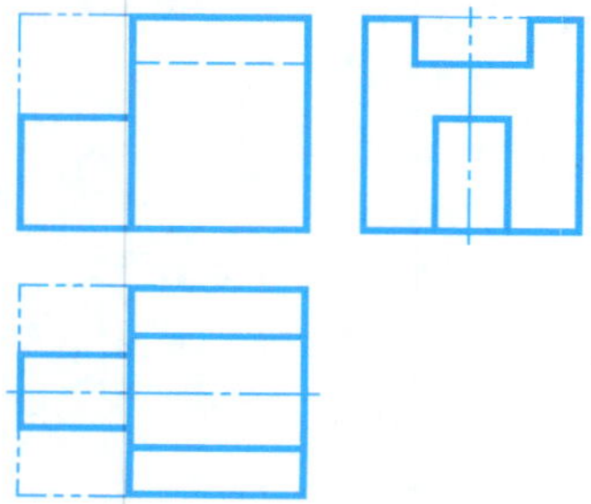

2. 圆柱体

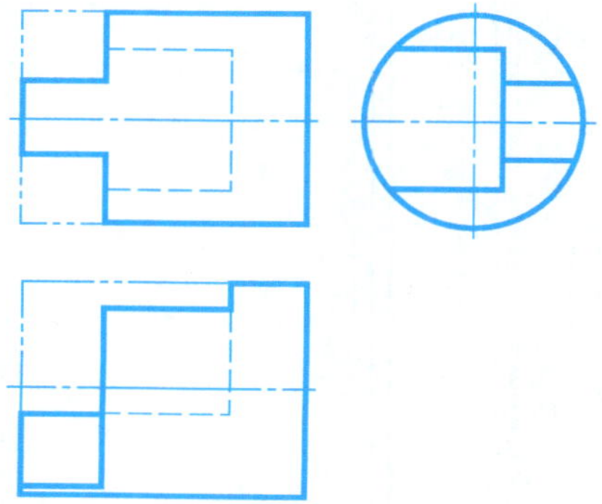

班级：　　　　姓名：　　　　学号：　　　　审核：

组合体综合练习　6-14　根据轴测图绘制组合体的三视图，并标注尺寸，图中孔、槽均为通孔、通槽（A3 图，比例 1：1，题目由教师指定）

1.

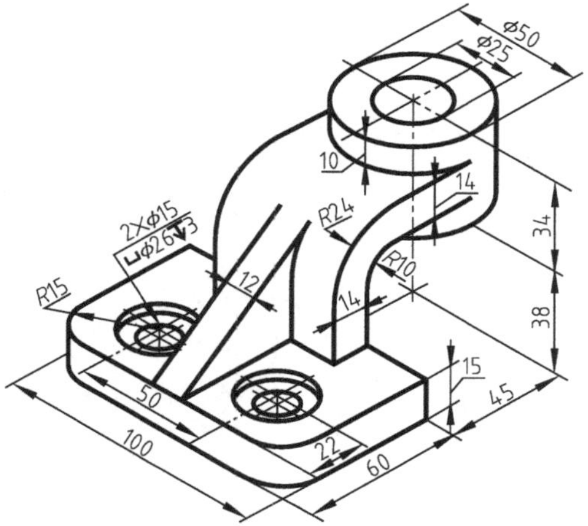

2.

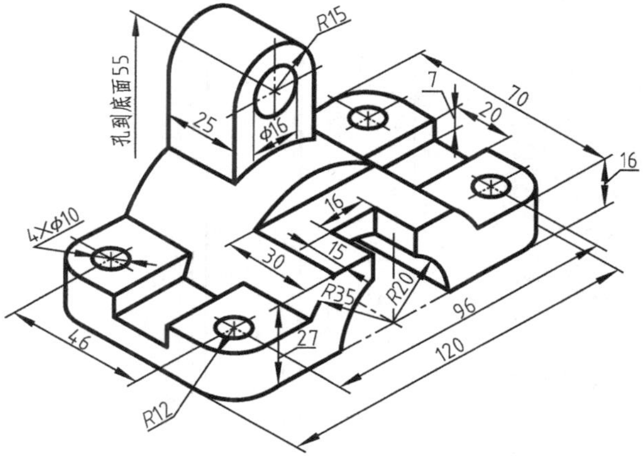

3.

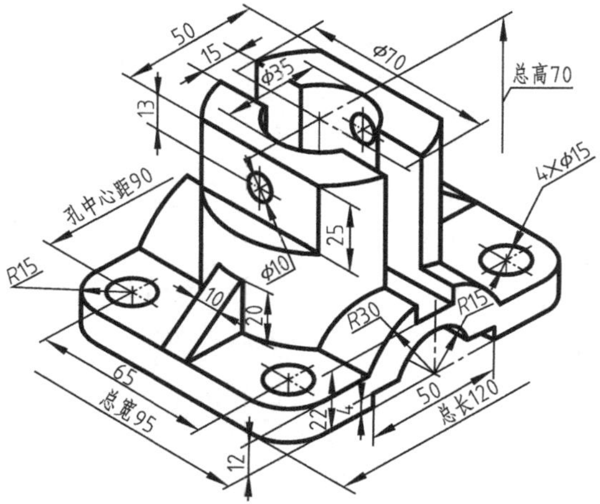

4.

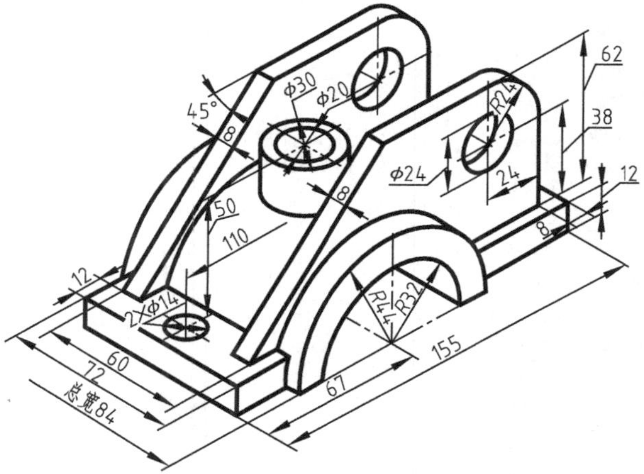

第 7 章　计算机绘制基本体、组合体的三维图形

由轴测图画三维图　7-1　分析立体的轴测图，用 AutoCAD 绘制三维图形

1.

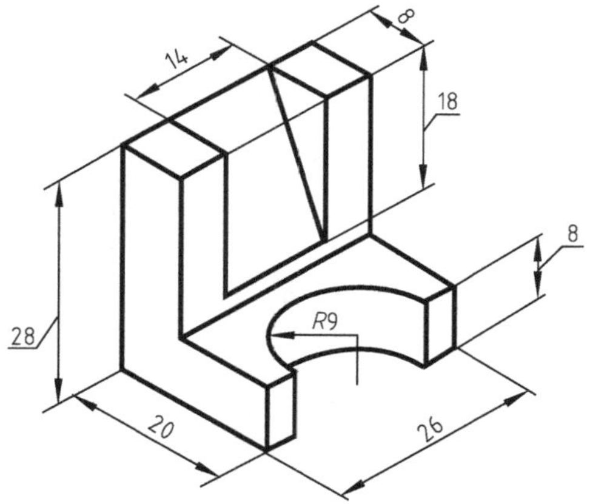

2.

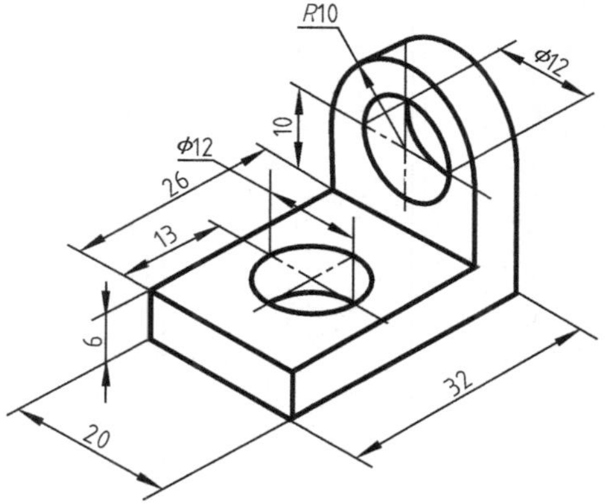

3.

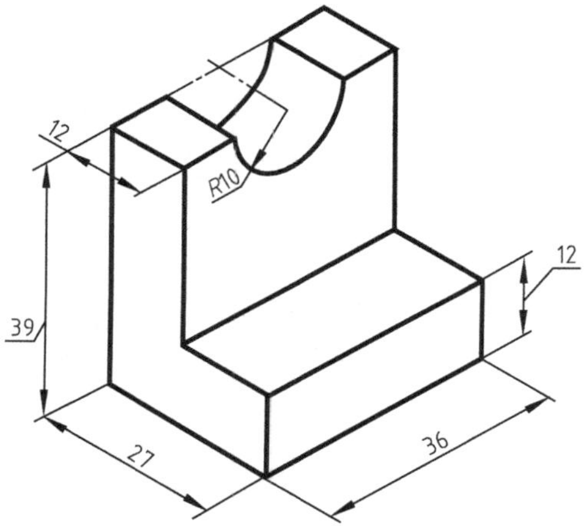

4.

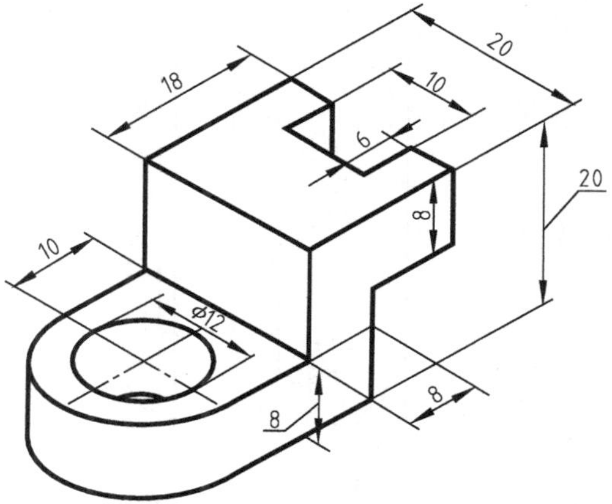

班级：　　姓名：　　学号：　　审核：

由轴测图画三维图　7-2　分析立体的轴测图，徒手绘制三视图，然后用 AutoCAD 绘制三维图形

1.

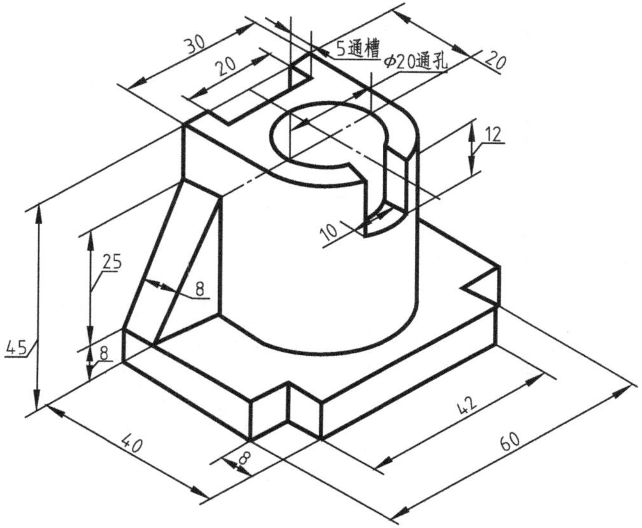

2.

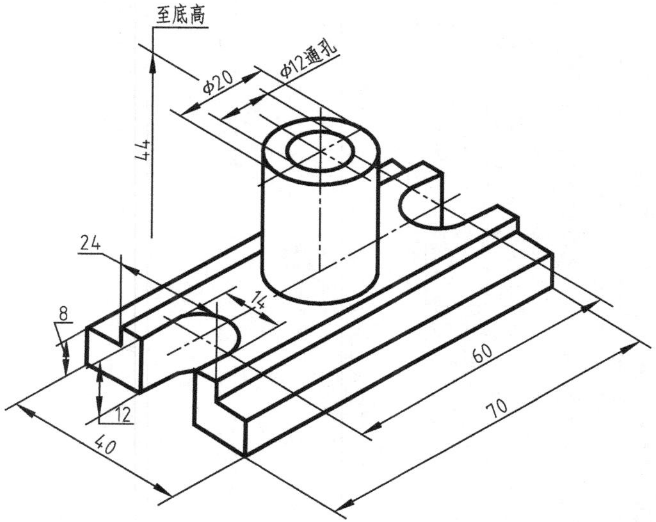

班级：　　姓名：　　学号：　　审核：

由三视图画三维图　7-3　分析下列三视图，想象其空间形状，并用 AutoCAD 绘制三维图形

1.

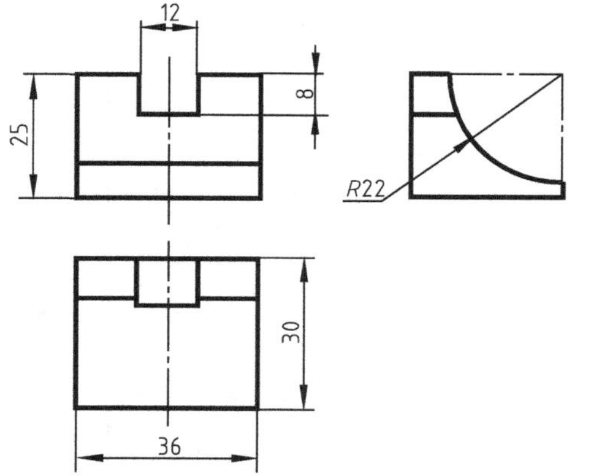

2.

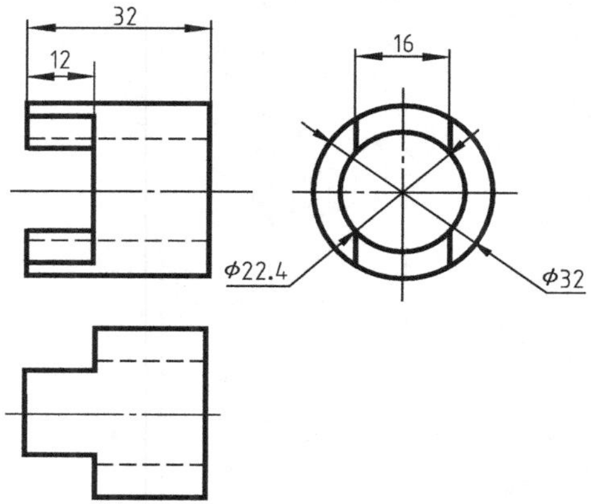

3.

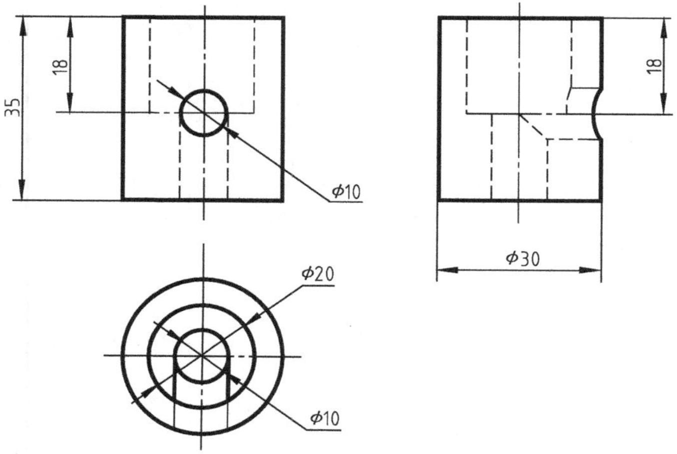

4.

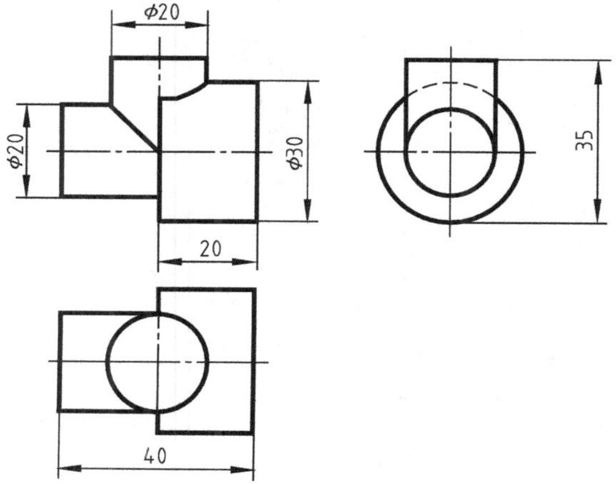

轴测图　7-4　根据立体的三视图，按 1∶1 画出其正等测图（先用仪器画出，然后用 AutoCAD 画出）

1.

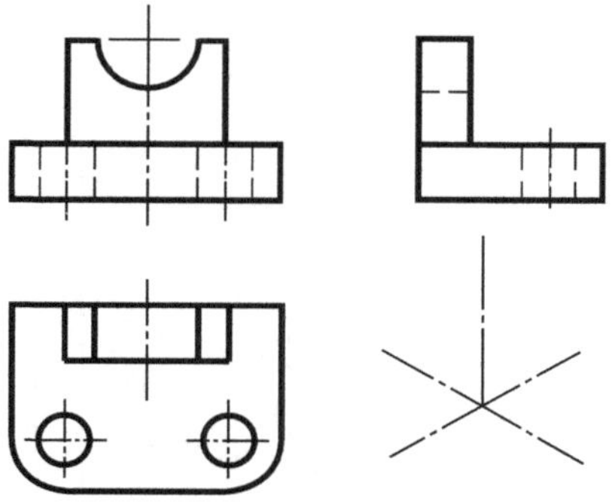

2.

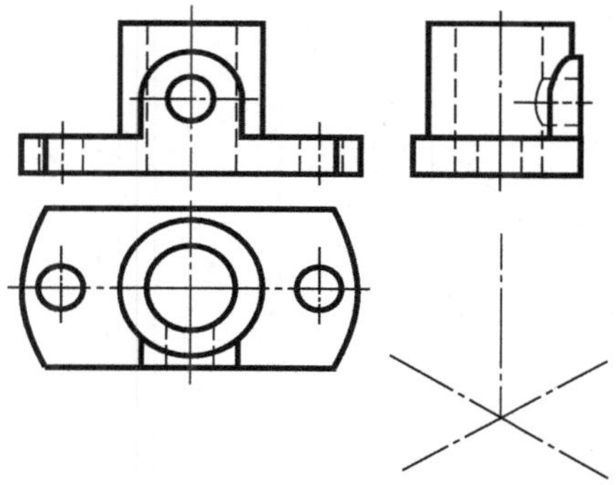

3.

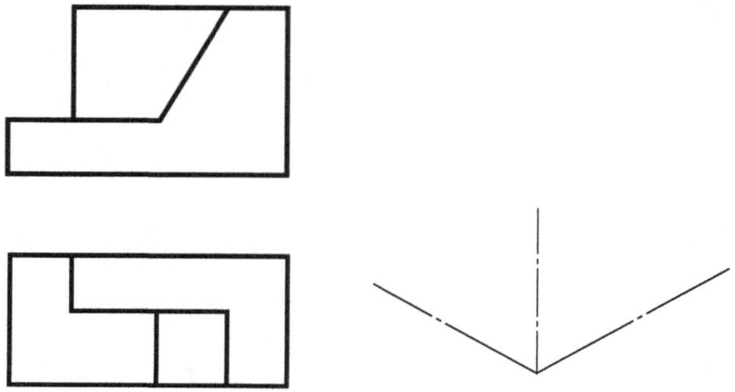

4.

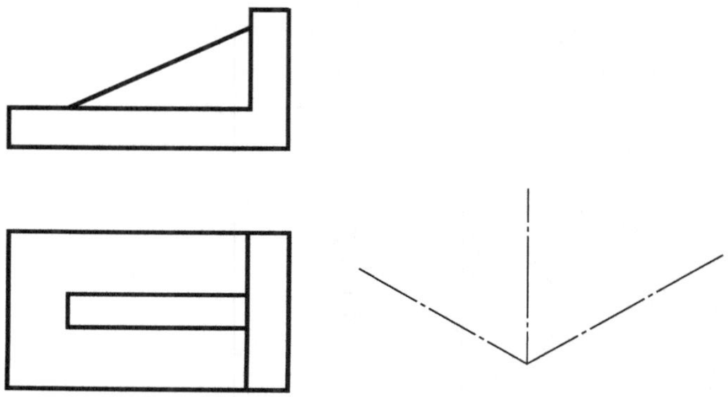

班级：　　　　　姓名：　　　　　学号：　　　　　审核：

7-5 根据立体的三视图，按 1∶1 画出其斜二测图

1.

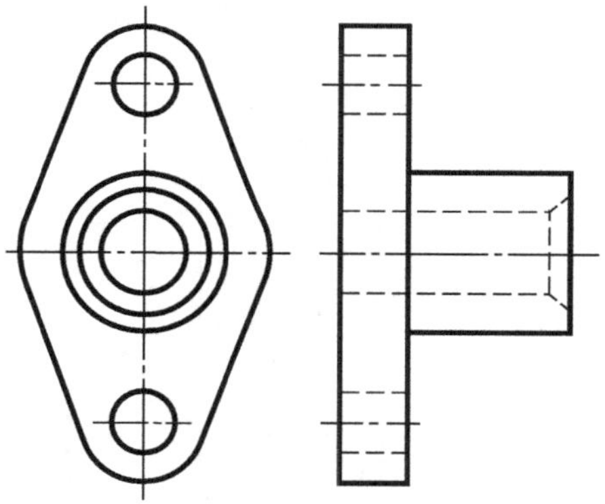

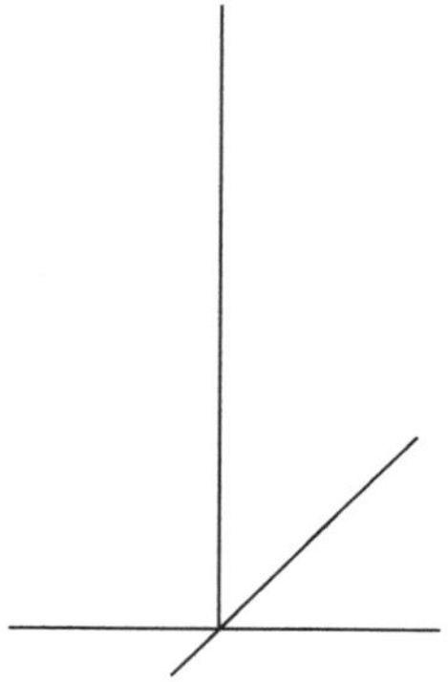

2.

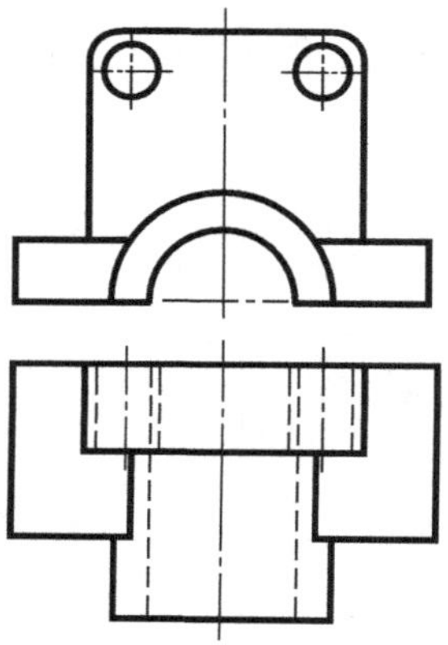

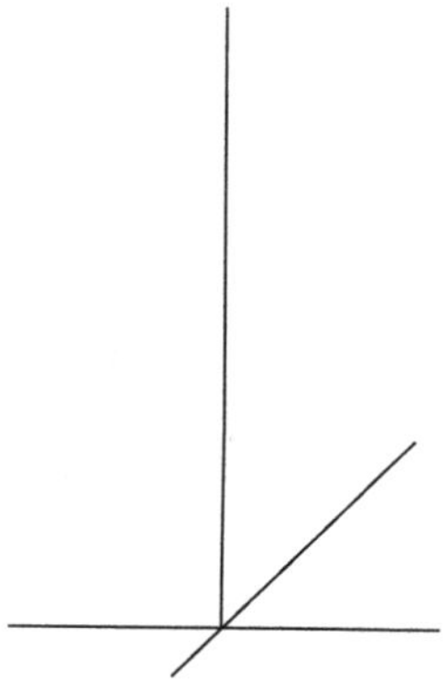

班级：　　姓名：　　学号：　　审核：

第 8 章　机件表达方法

视图　8-1　根据主、俯、左三视图，补画右、后、仰视图

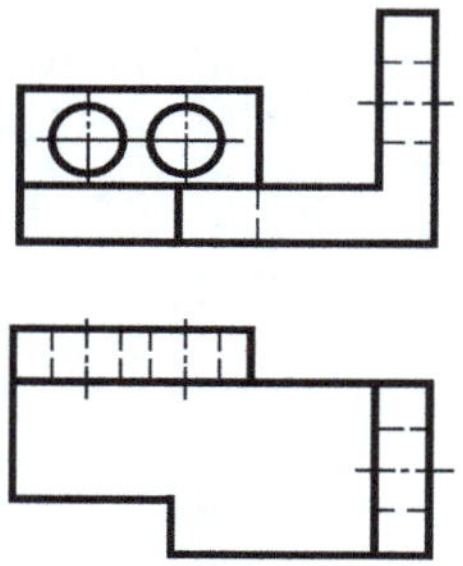

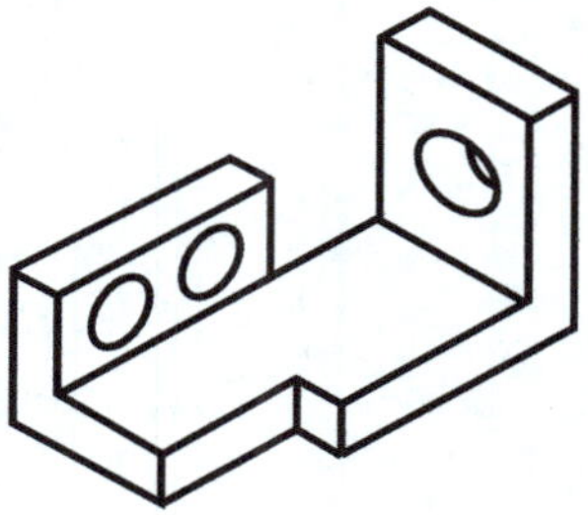

视图　8-2　补画机件 6 个基本视图中所缺的线

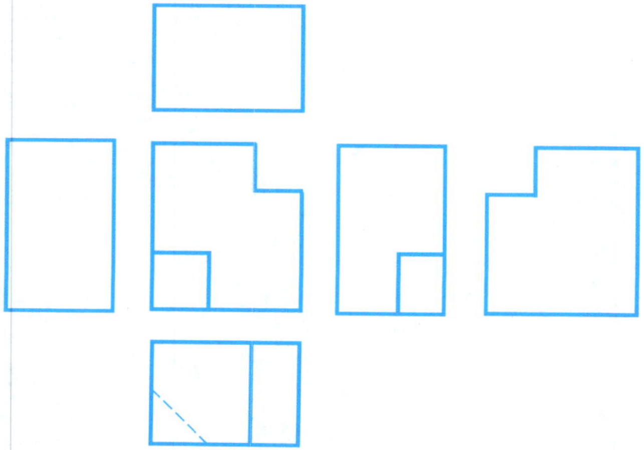

视图　8-3　根据基本视图，补画向视图

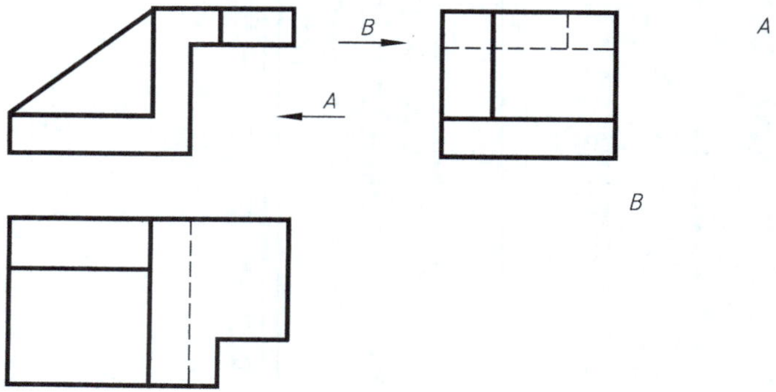

视图 8-4 根据主、俯、左三视图，补画右视图

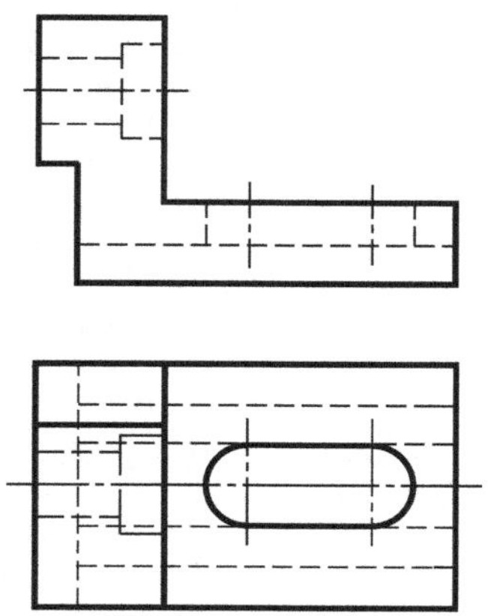

视图 8-5 在指定位置画出 *A* 向斜视图和 *B* 向局部视图

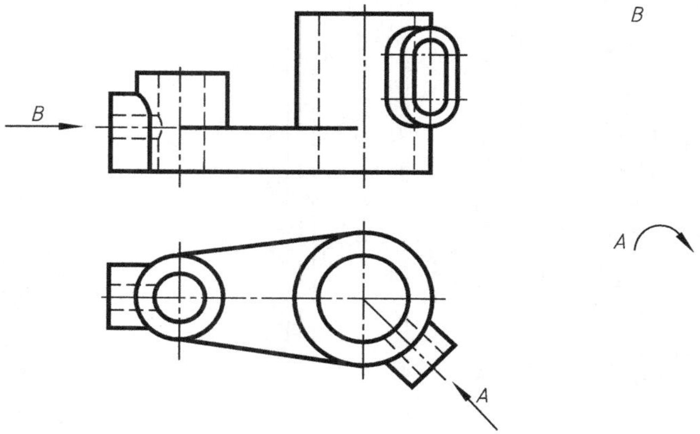

视图 8-6 画出 *A* 向斜视图和 *B* 向局部视图

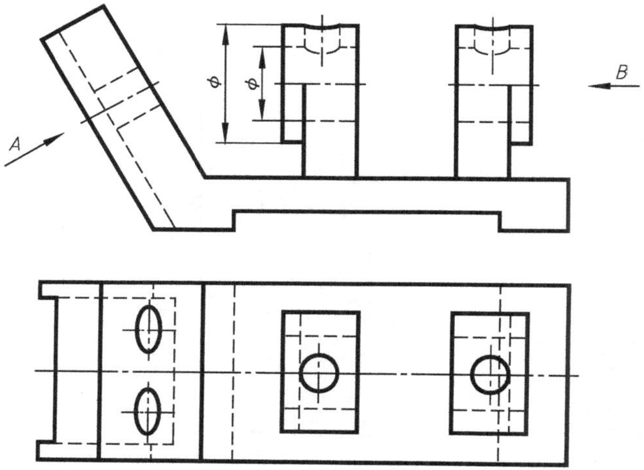

视图 8-7 画出 *A* 向斜视图

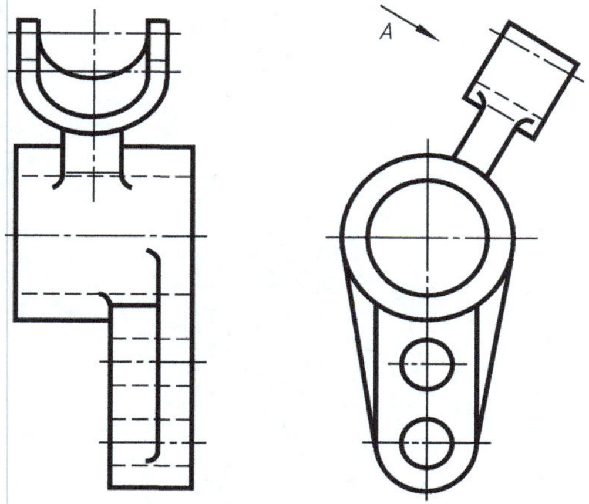

A

剖视图 8-8 补画剖视图中所漏的图线

1.

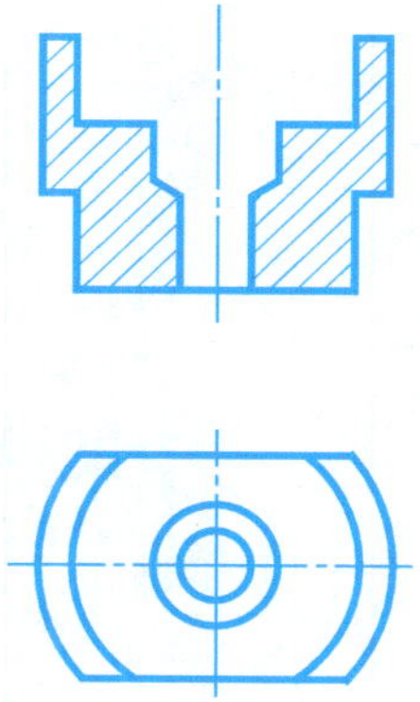

2.

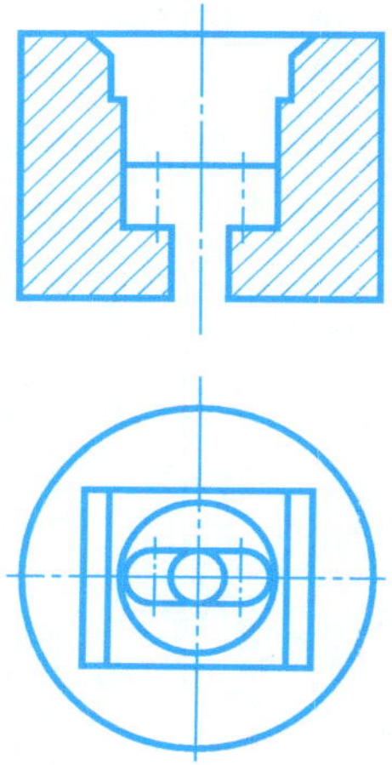

3.

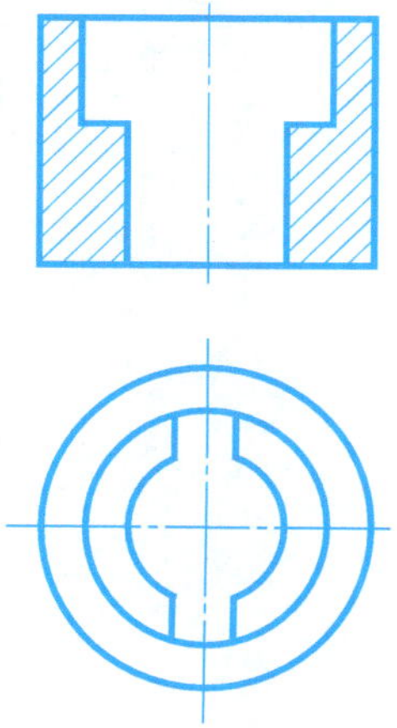

4.

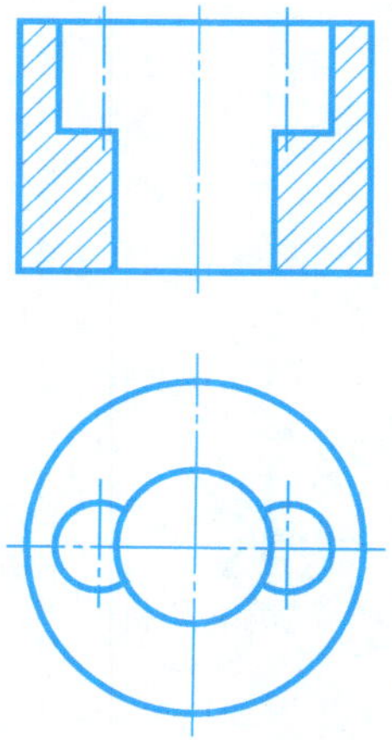

班级： 姓名： 学号： 审核：

剖视图　8-9　补画主、左视图中所漏画的图线

1.

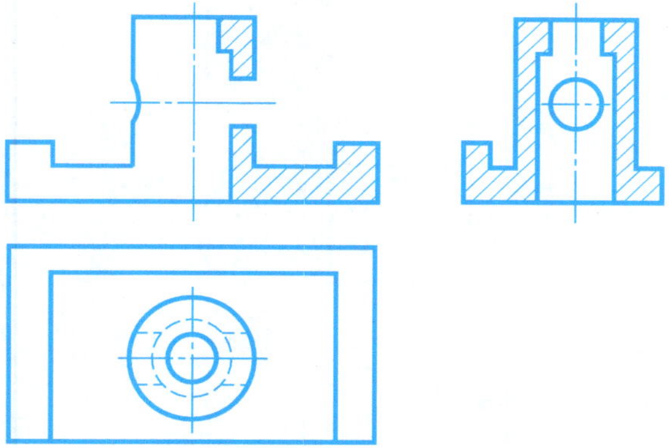

2.

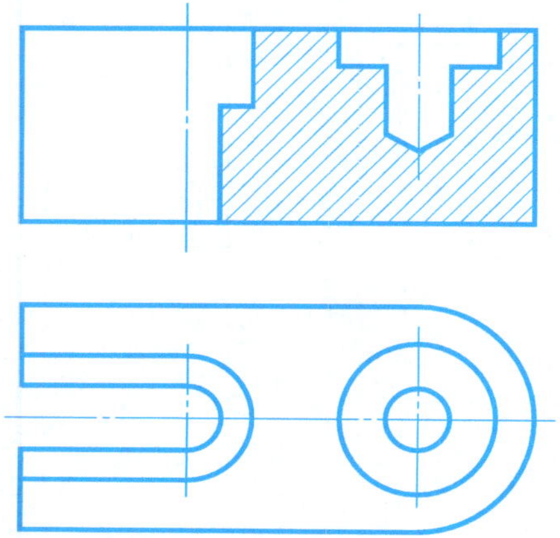

剖视图　8-10　根据两面视图，想象出机件的形状，将主视图改画成全剖视图

1.

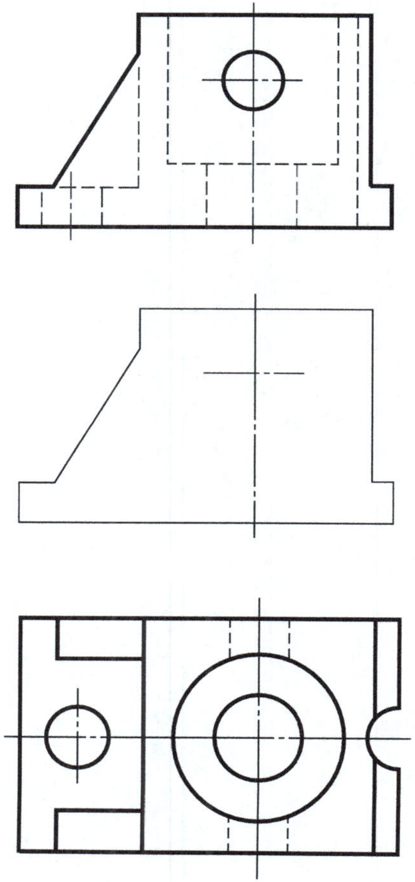

班级：　　姓名：　　学号：　　审核：

剖视图　8-10　根据两面视图，想象出机件的形状，将主视图改画成全剖视图（续）

2.

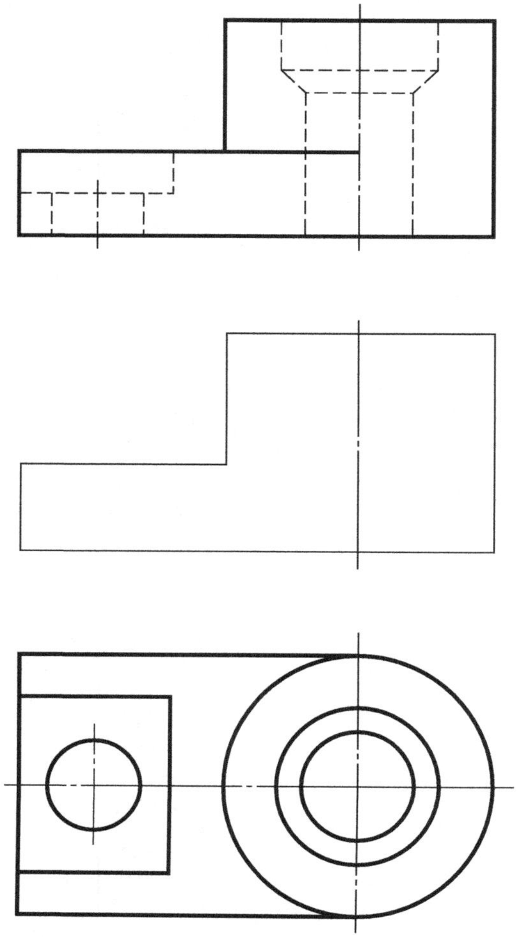

3.

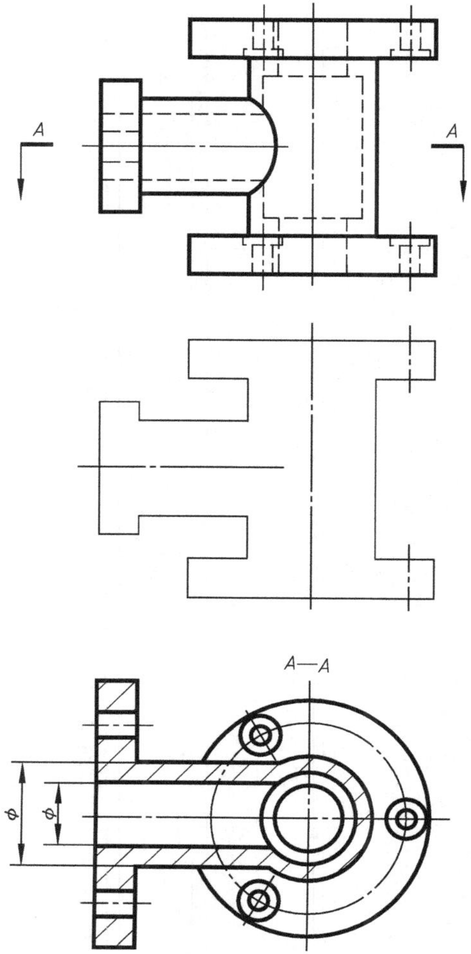

8-11 将主视图改画成全剖视图

1.

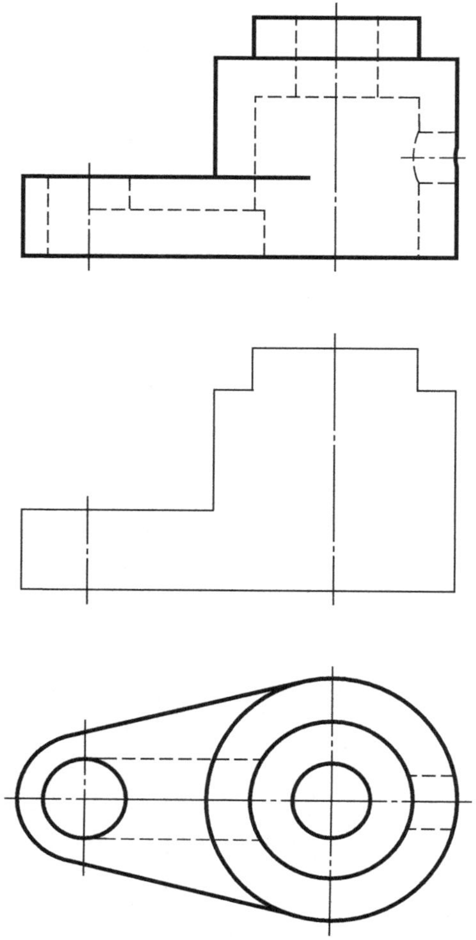

2.

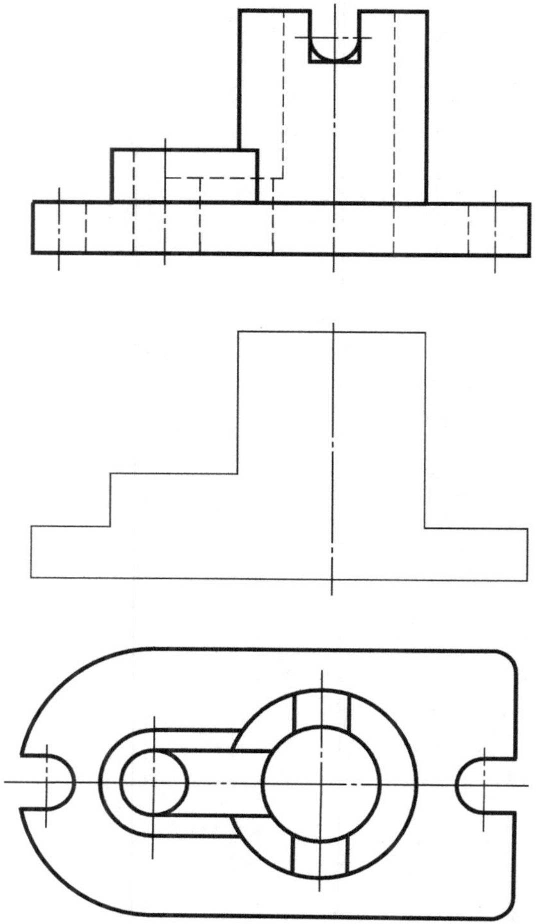

班级： 姓名： 学号： 审核：

剖视图　8-12　将主视图改画成半剖视图

1.

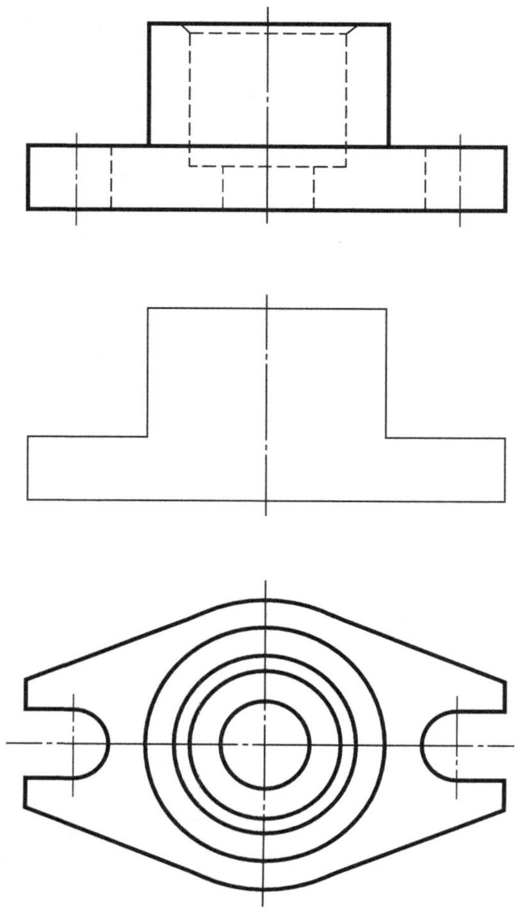

2.

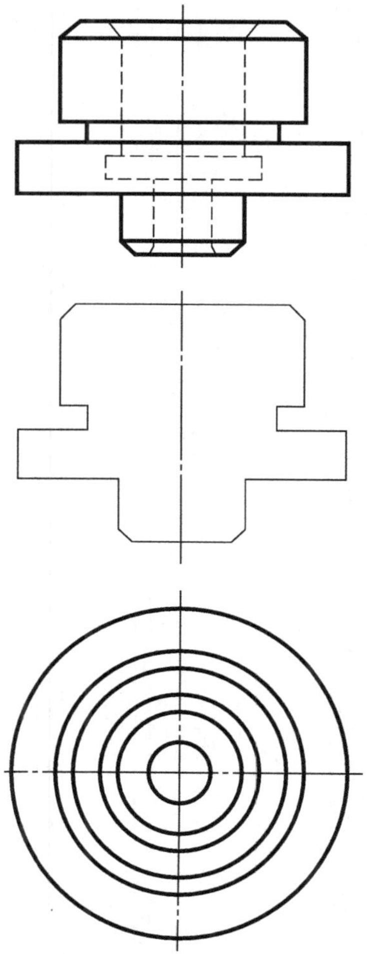

班级：　　　　姓名：　　　　学号：　　　　审核：

3.

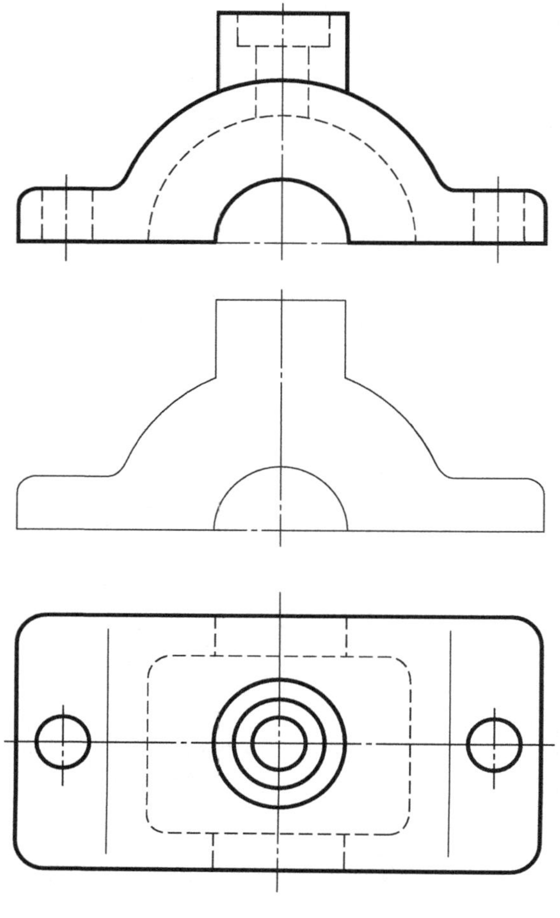

4.

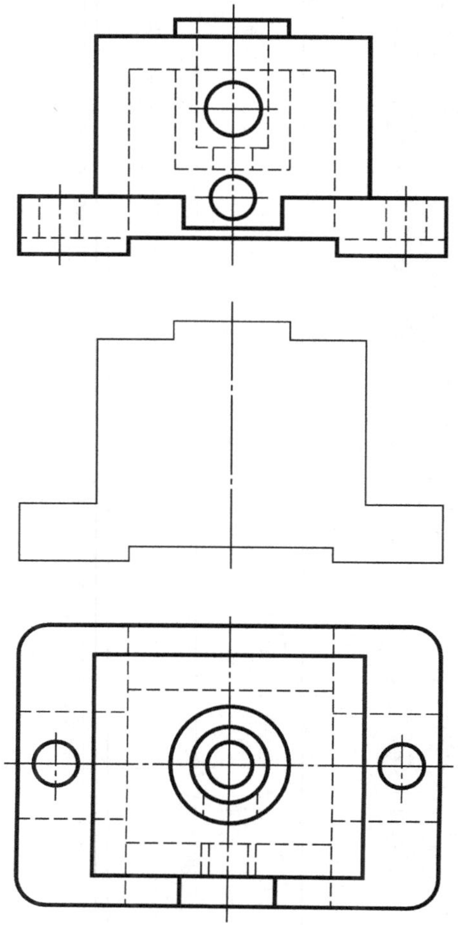

班级：　　　　姓名：　　　　学号：　　　　审核：

剖视图　8-13　将主视图画成全剖视图，补画半剖的左视图

1.

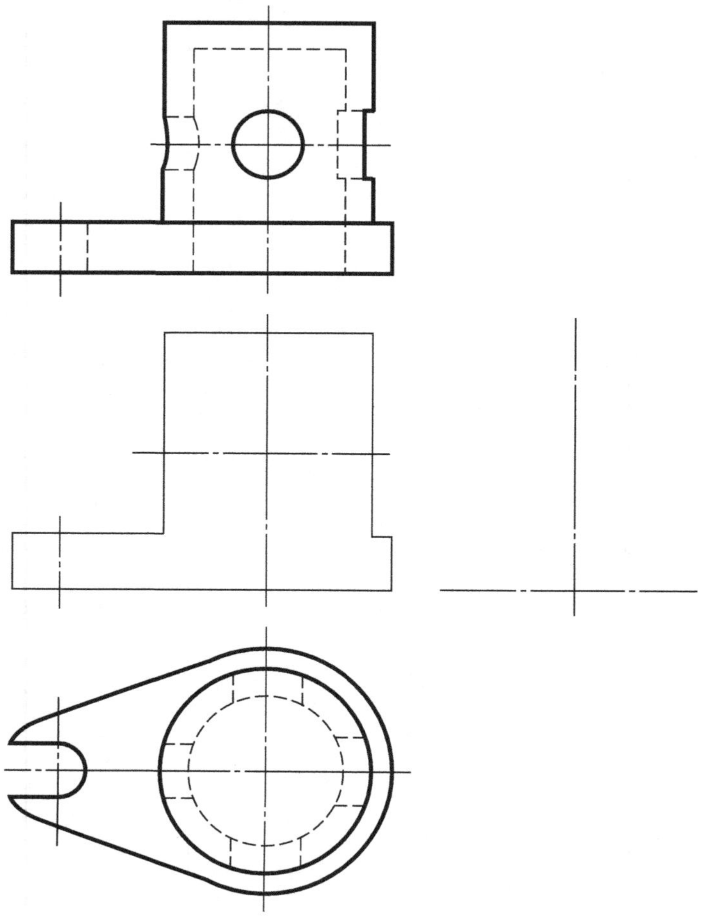

2.

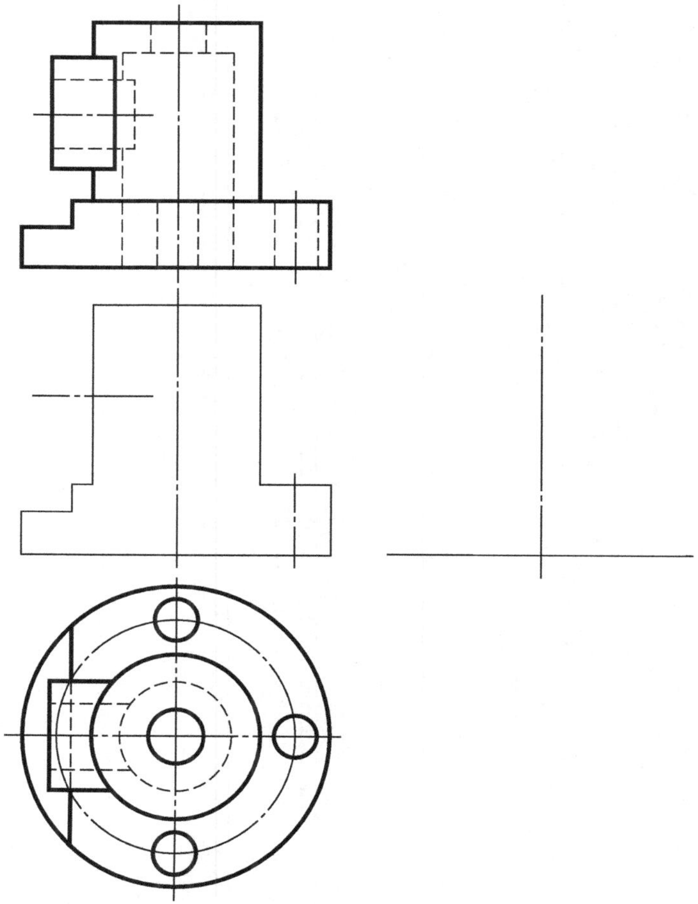

班级：　　　　　　姓名：　　　　　　学号：　　　　　　审核：

剖视图　8-14　将主视图画成 *A*—*A* 全剖视图，并作 *B*—*B* 全剖视图

A—*A*　　　　*B*—*B*

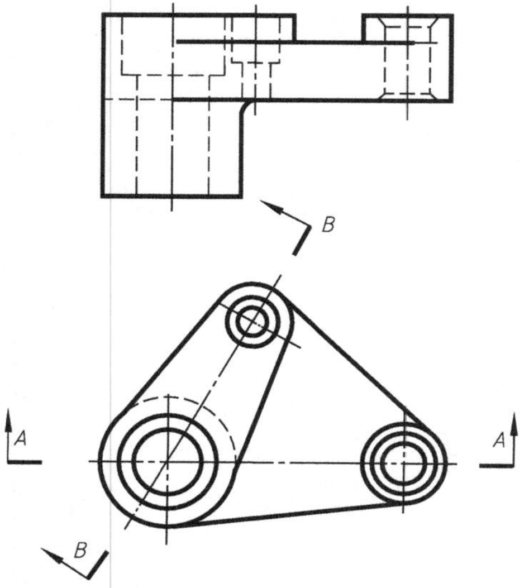

剖视图　8-15　根据主、俯视图画出 *A*—*A* 全剖视图

↷*A*—*A*

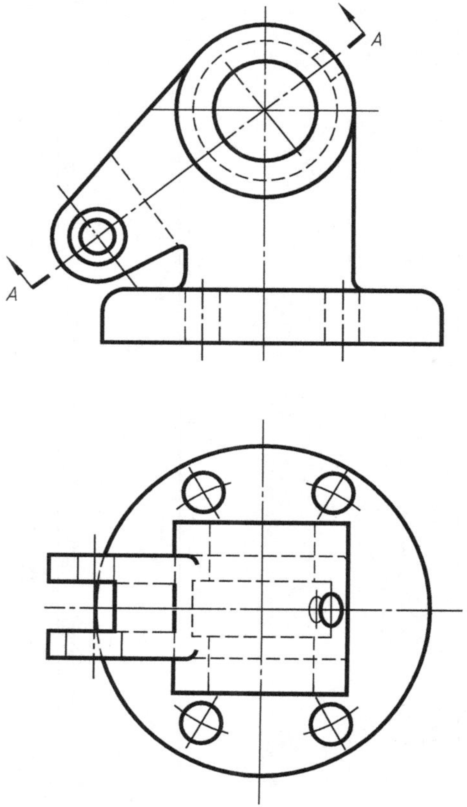

剖视图　8-16　将主视图画成用几个平行平面剖切的全剖视图

1.

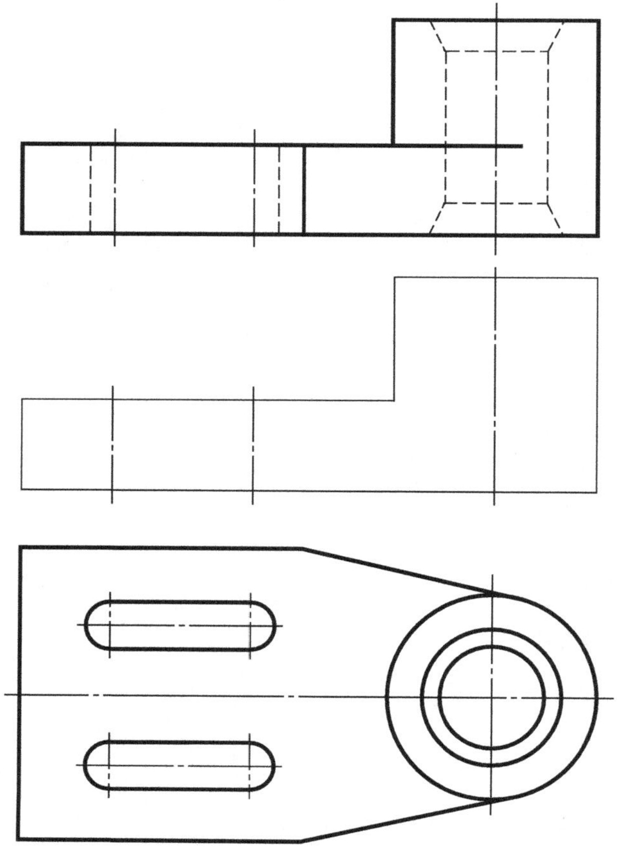

2.

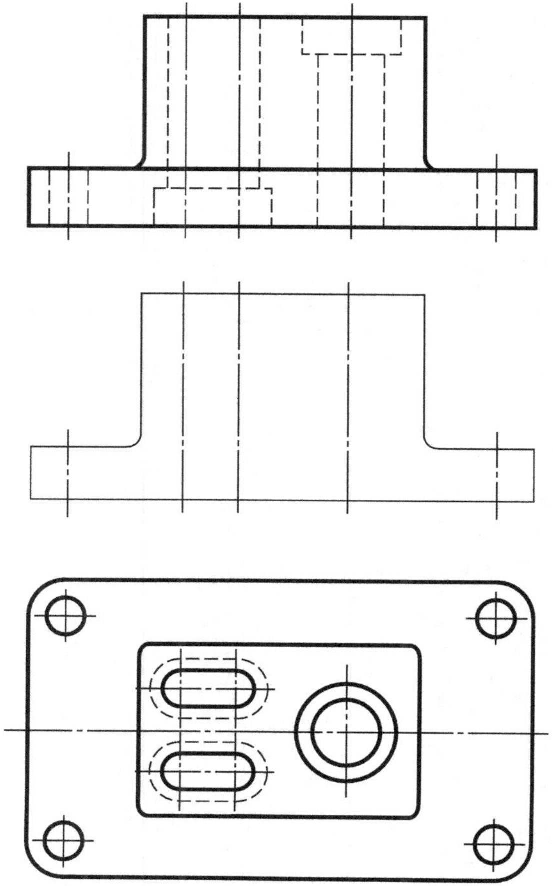

3.

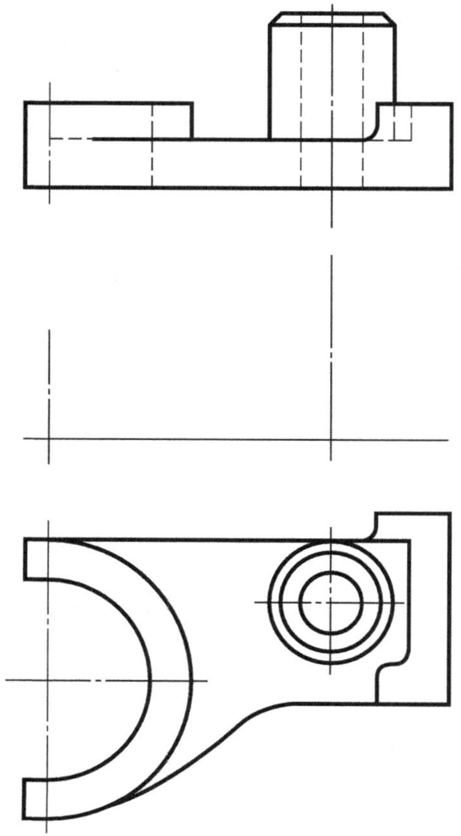

4.

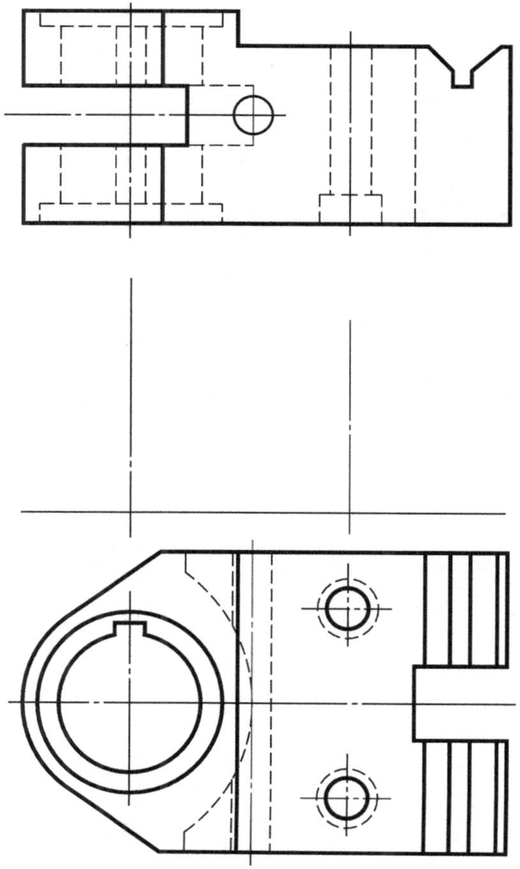

班级：　　　　姓名：　　　　学号：　　　　审核：

剖视图　8-17　将主视图画成用相交平面剖切的全剖视图

1.

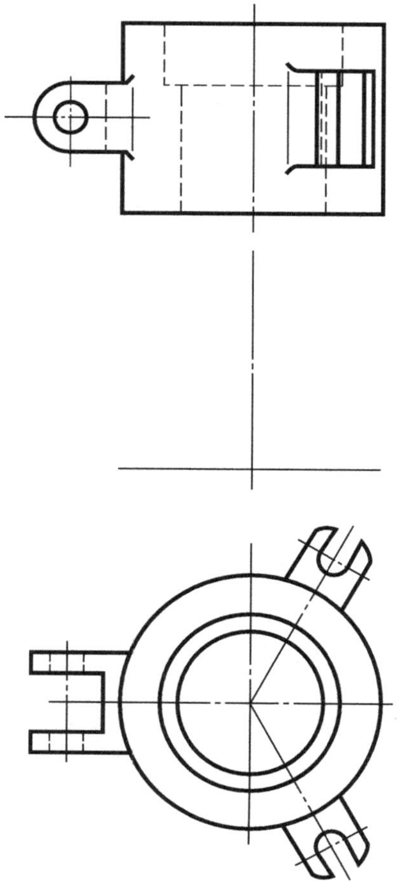

2.

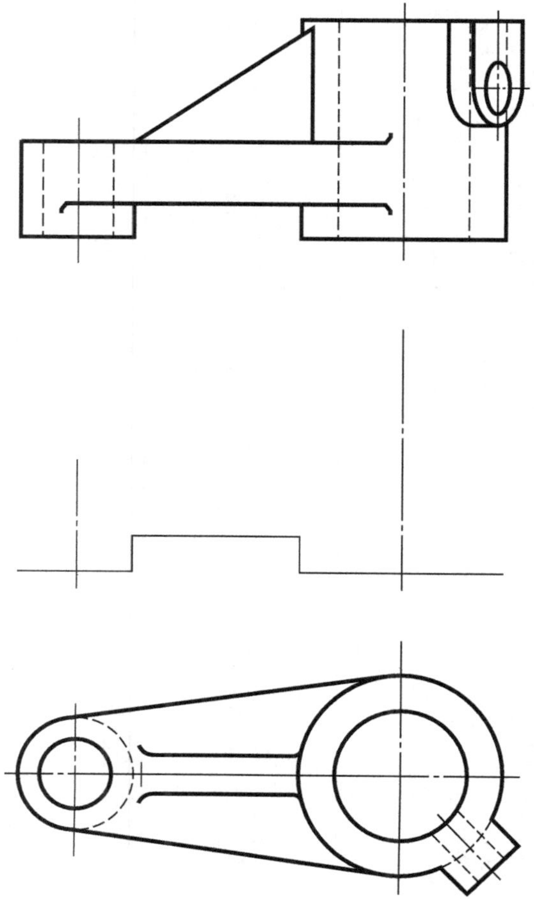

班级：　　　　姓名：　　　　学号：　　　　审核：

剖视图　8-17　将主视图画成用相交平面剖切的全剖视图（续）

3.

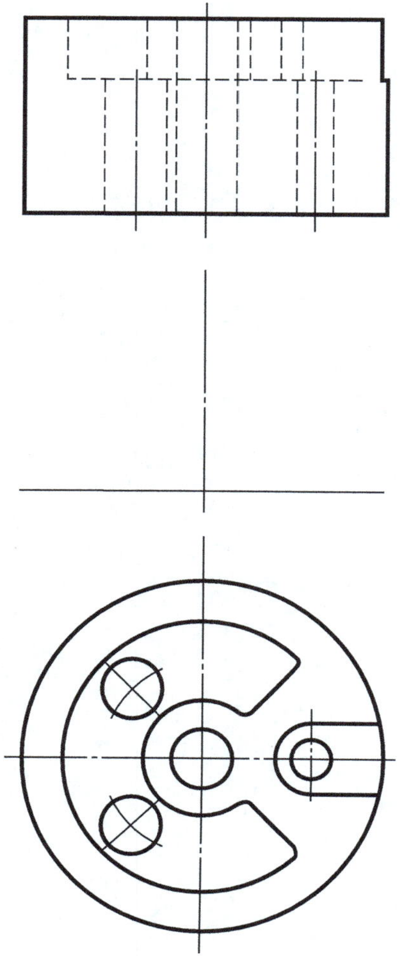

剖视图　8-18　指出下列局部剖视图中的错误

1.

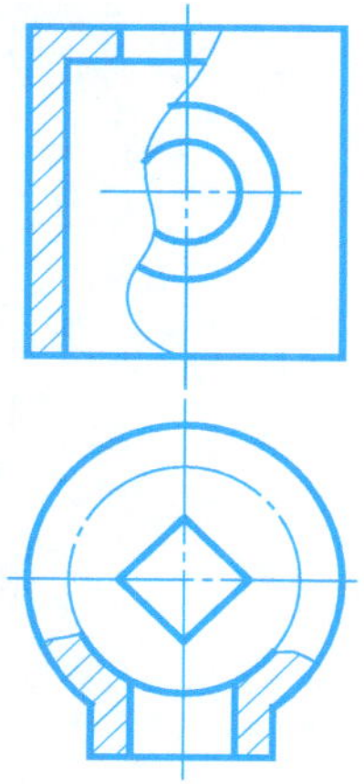

2.

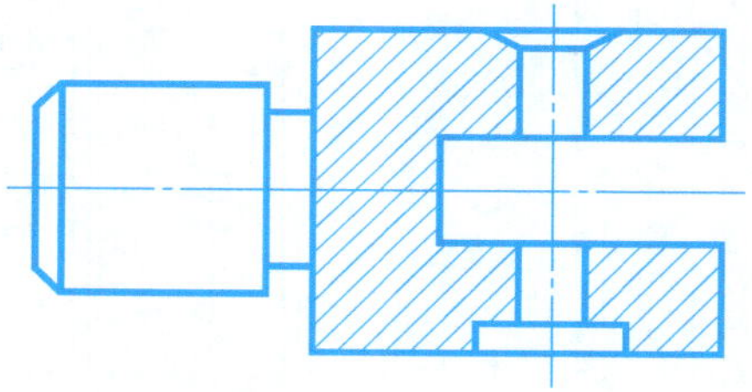

3.

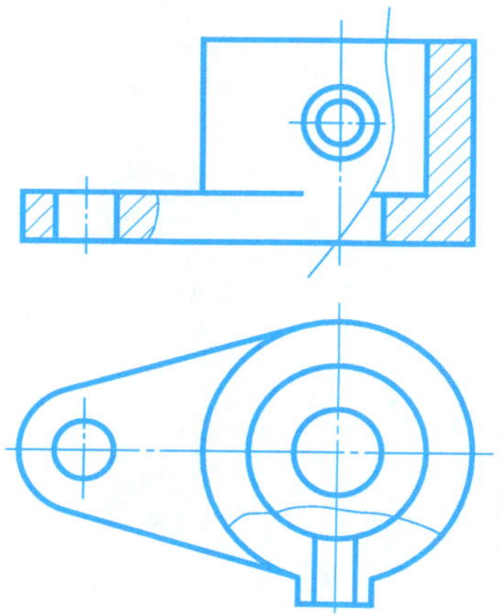

4.

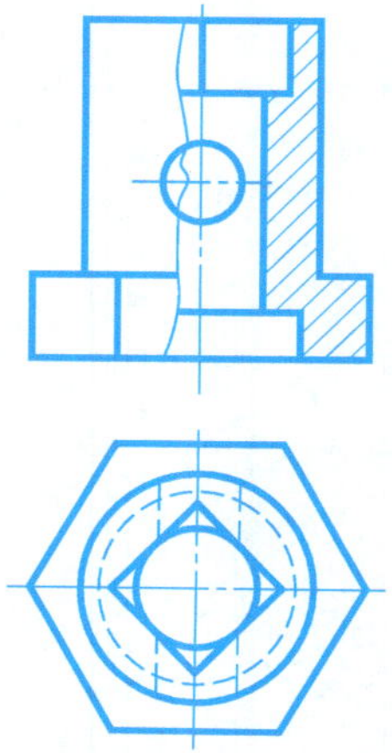

班级：　　　　姓名：　　　　学号：　　　　审核：

剖视图　8-19　将俯视图画成局部剖视图	剖视图　8-20　将给出的视图改画成局部剖视图
1. 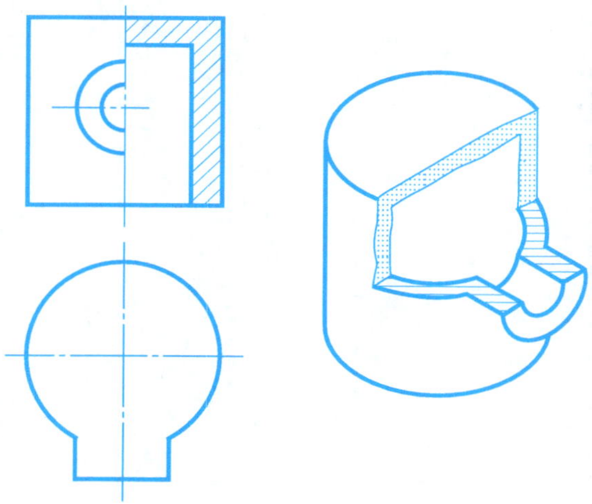	1. 在下排图中改画 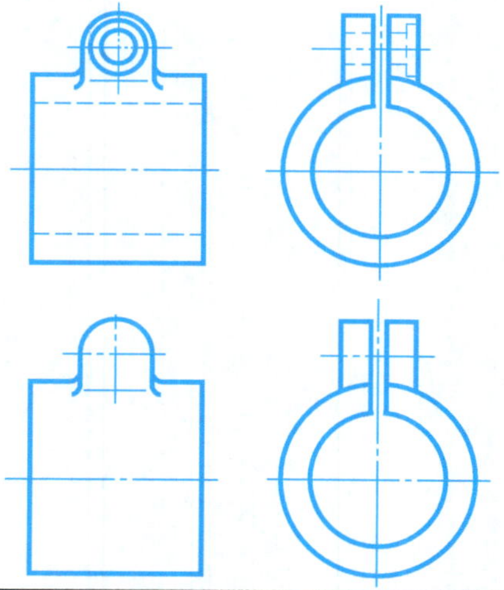
2. 图中孔为通孔，在俯视图中改画 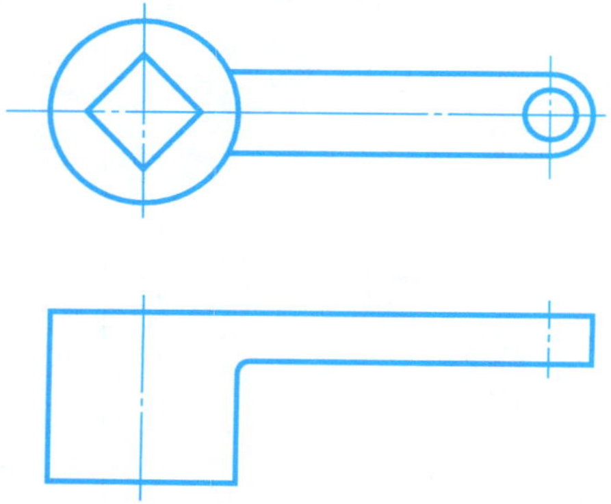	2. 仅将主视图改画成局部剖视图 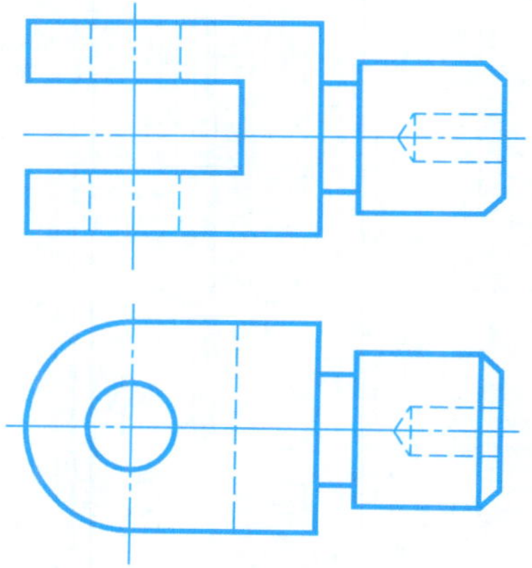

班级：　　　　姓名：　　　　学号：　　　　审核：

剖视图　8-21　将主视图或俯视图画成用组合面剖切的全剖视图

1.

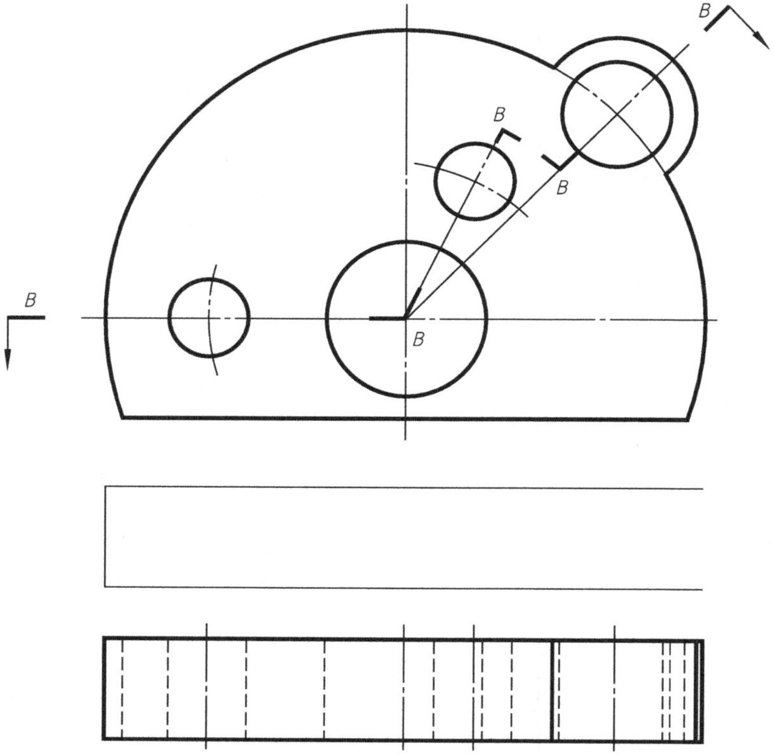

2.

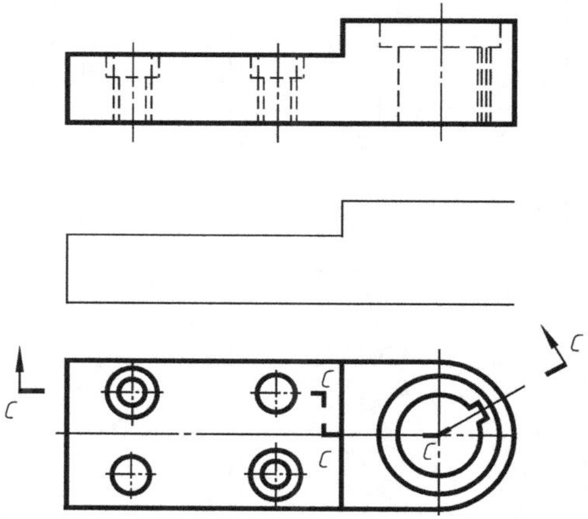

3.

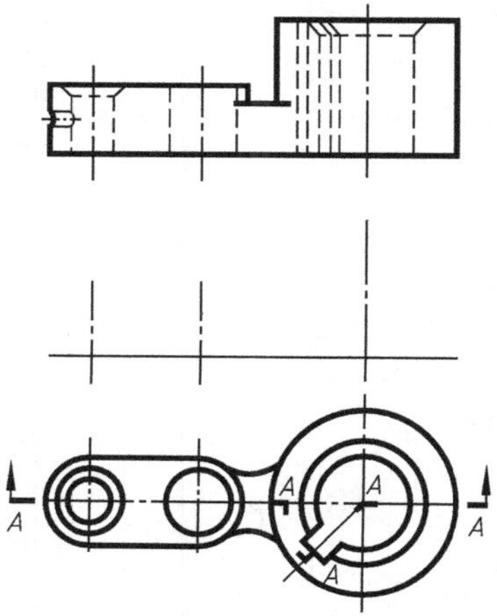

8-22 根据机件结构，在指定位置画出移出断面或重合断面图

1.

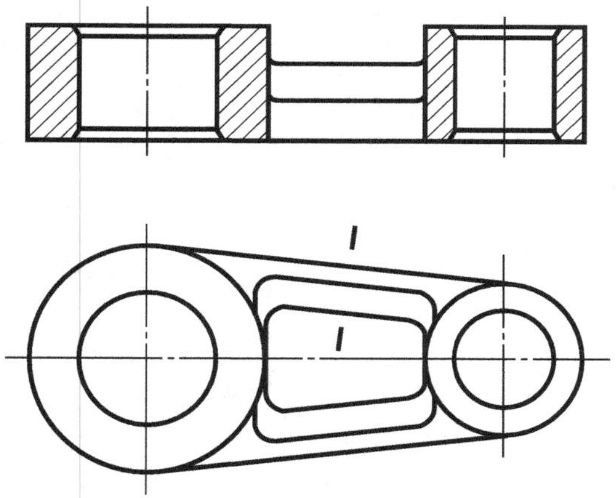

2.

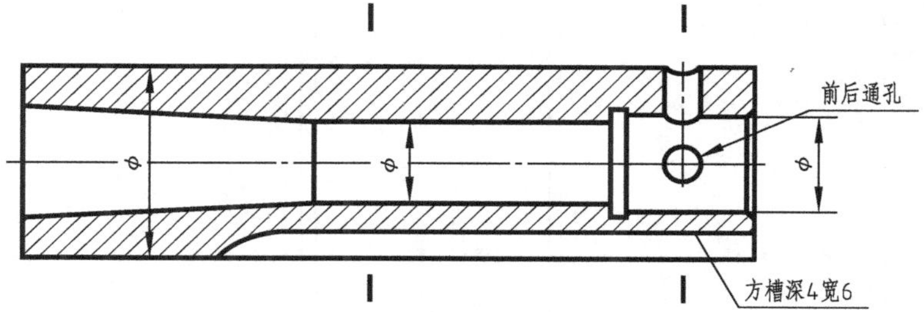

3.

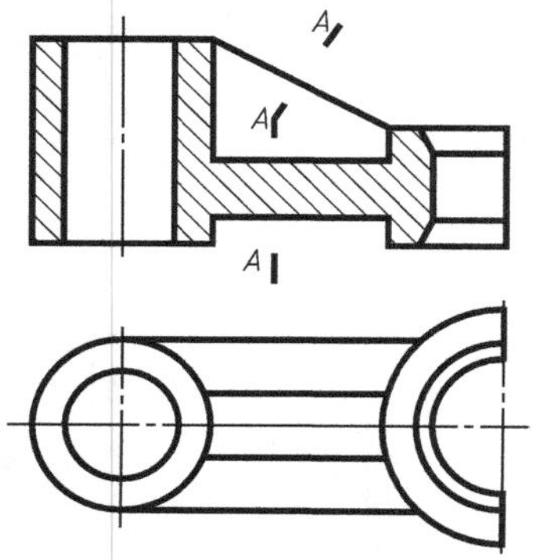

4. 画重合断面图

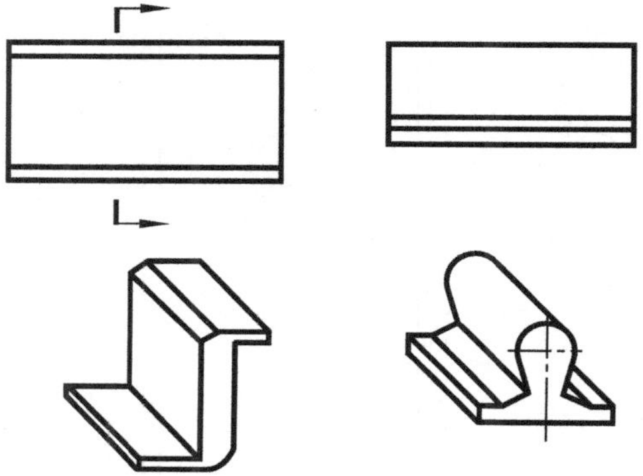

班级： 姓名： 学号： 审核：

断面图及其他表达方法　8-23　将主视图画成全剖视图，在 *A—A* 处画移出断面图

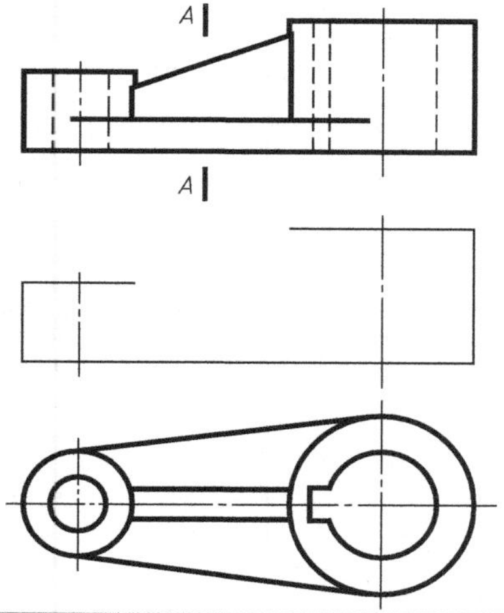

A—A

断面图及其他表达方法　8-24　在视图右方的断面图中，选出正确的断面图形，并将其画上“√”号

1.

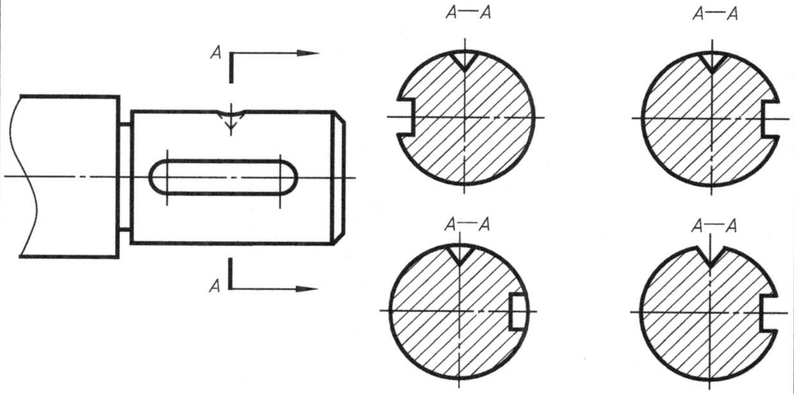

2.

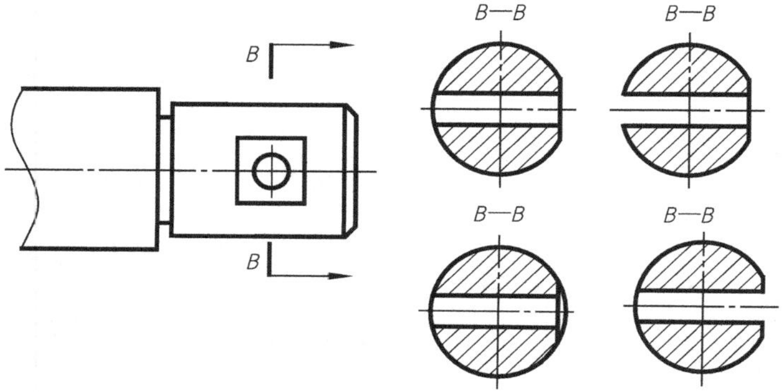

3.

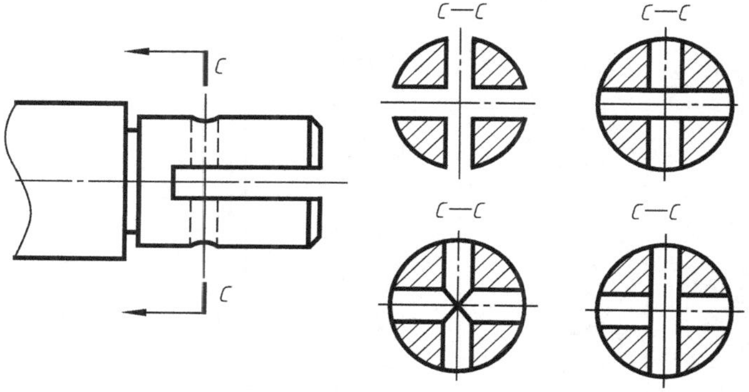

8-25　画出铣切平面、键槽（槽深 6mm）及钻孔处的断面图

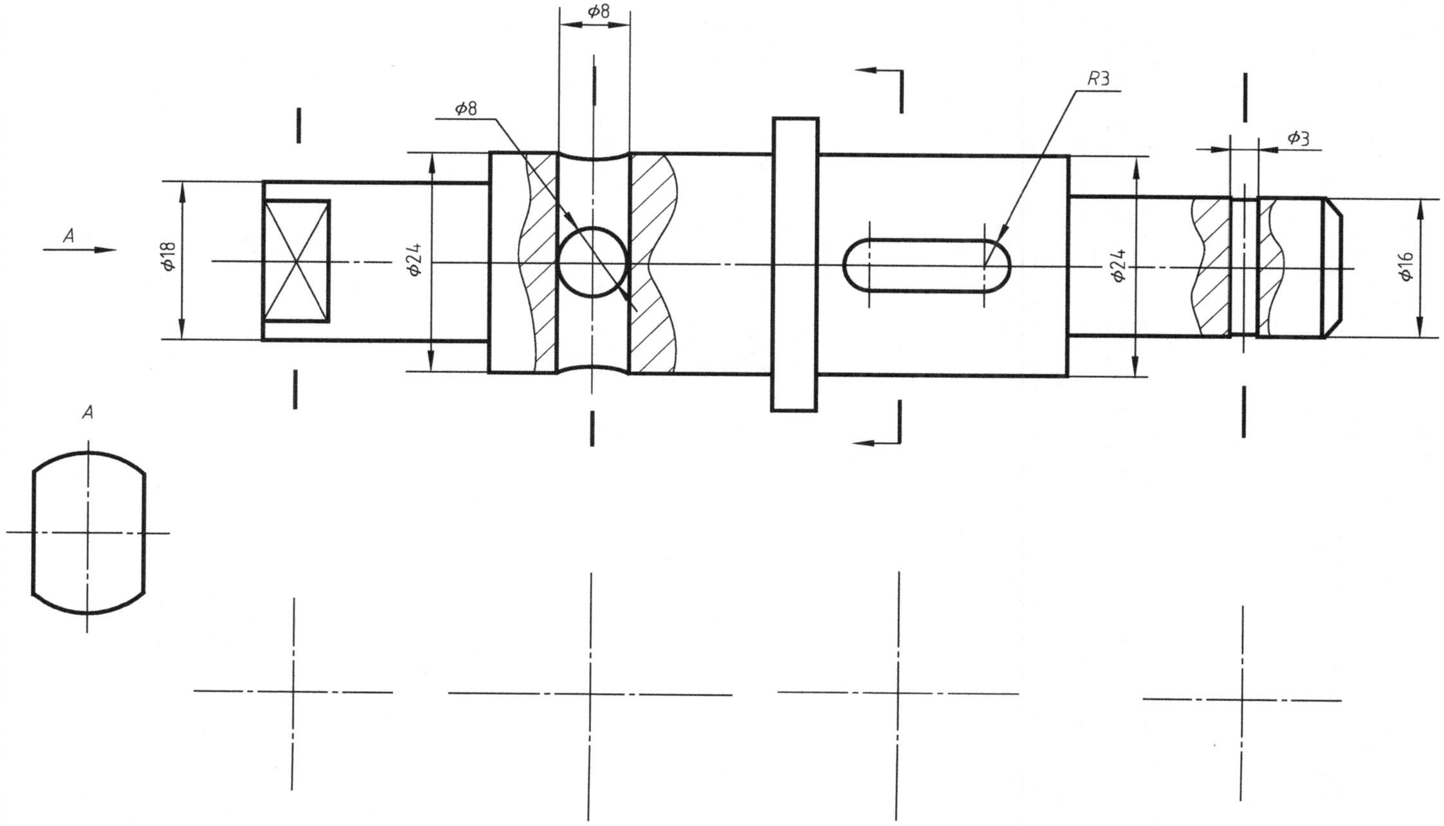

班级：　　　　姓名：　　　　学号：　　　　审核：

综合练习 8-26 选用适当的表达方法表达下面的机件，用 A3 图绘出，比例 1：1，标注尺寸，然后用 AutoCAD 绘制

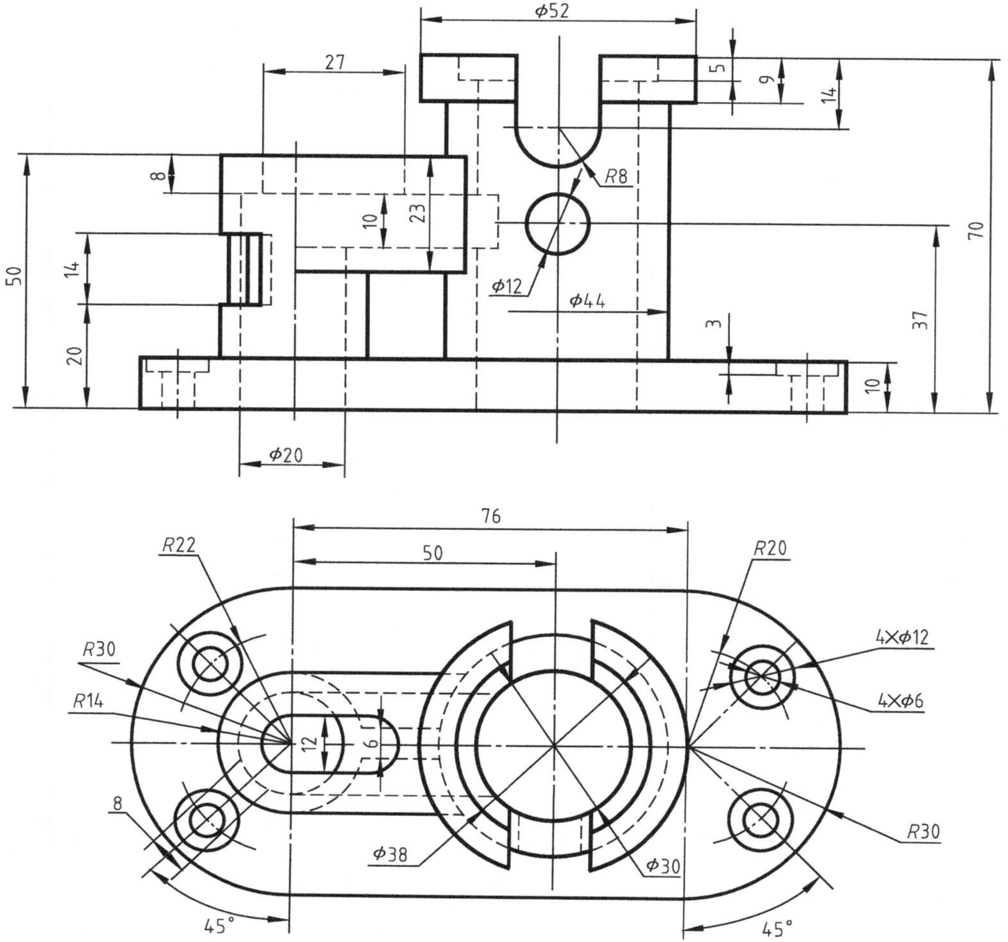

作业指导：

1. 内容

根据模型视图选择合适的表达方法并标注尺寸。

2. 目的

（1）初步训练选择机件表达方法的能力。

（2）掌握剖视图的画法。

3. 要求

（1）用 A3 图纸。

（2）选择横放，绘图比例 1：1，标注尺寸。

（3）选择合适的剖视图和视图表达该机件。

4. 注意事项

（1）先根据视图想象出该机件的形状，再考虑选取哪些视图、剖视图及断面图，怎样剖切，怎样标注。

（2）剖视图应当直接画出，不应先画视图，再将其改成剖视图。

（3）布图时，应留出标注尺寸的位置；注意波浪线的画法；注意剖面线要一致，间隔合适。注意相贯线的画法。

（4）应用形体分析法标注尺寸，做到所注尺寸既不遗漏也不重复。

班级： 姓名： 学号： 审核：

综合练习　8-27　看懂视图，画出 *E*—*E* 剖视图

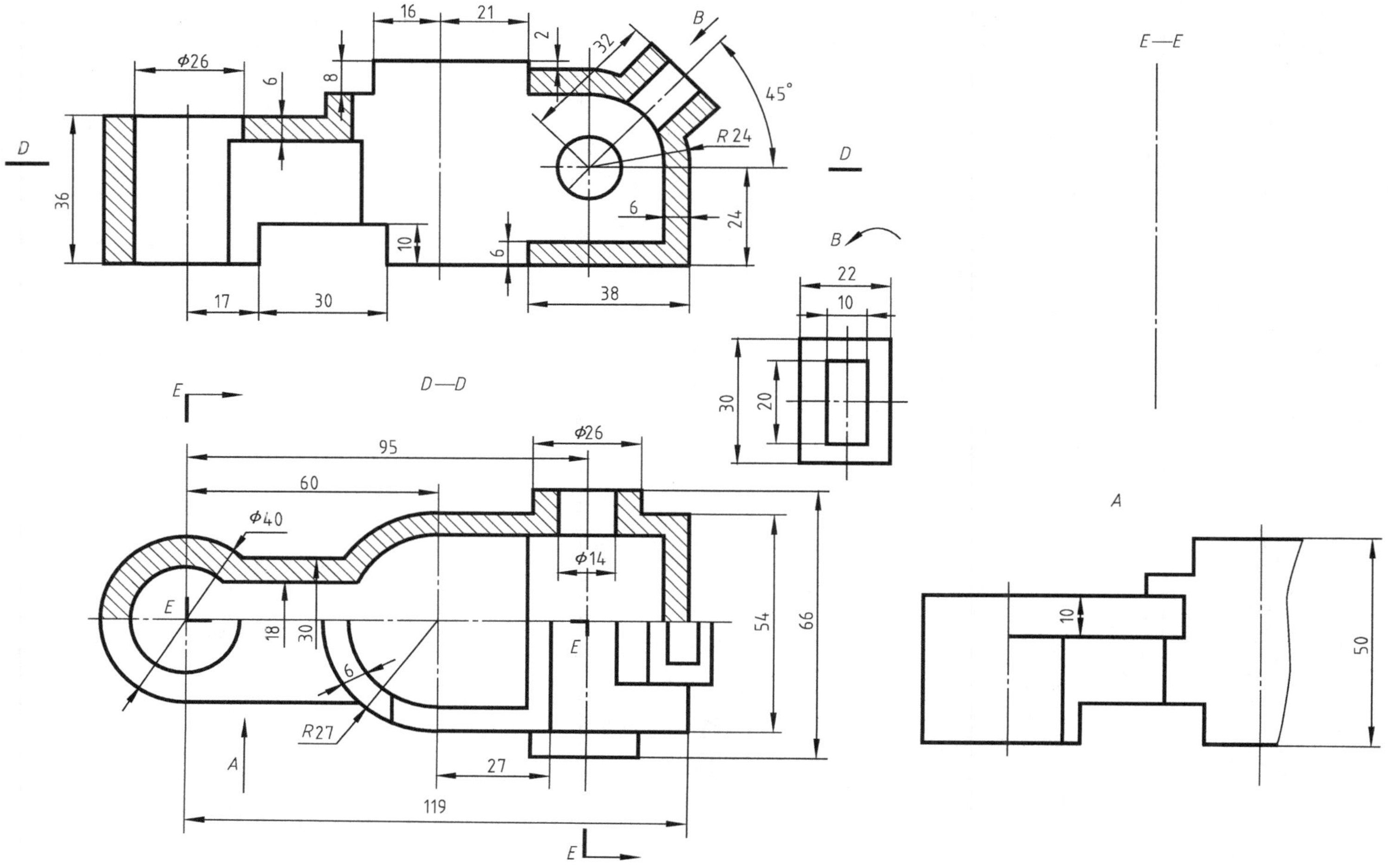

班级：　　　　姓名：　　　　学号：　　　　审核：

第 9 章　零件图概述

表面结构要求标注　9-1　用文字说明下图中机件表面结构要求，并用 AutoCAD 绘制图形，创建图块，标出表面结构要求

1.

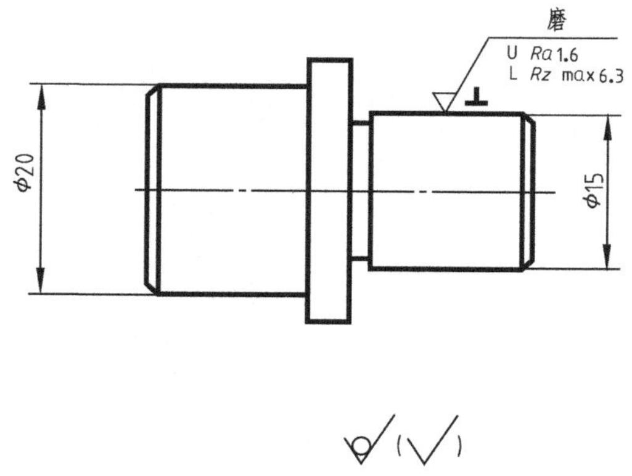

2.

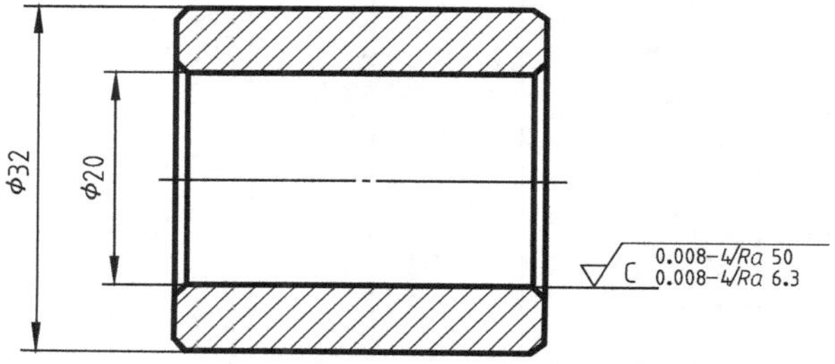

班级：　　姓名：　　学号：　　审核：

3.

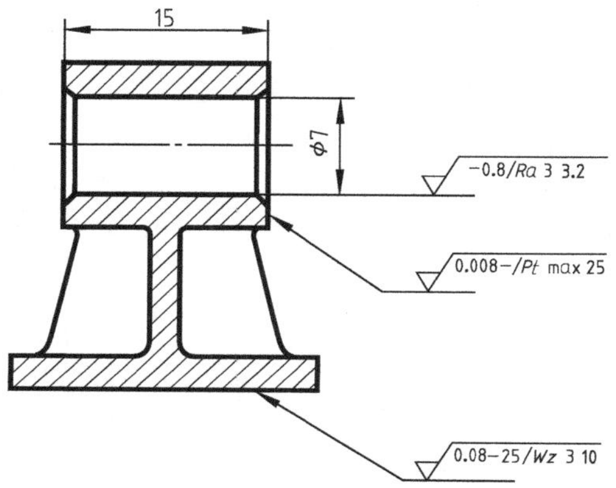

4.

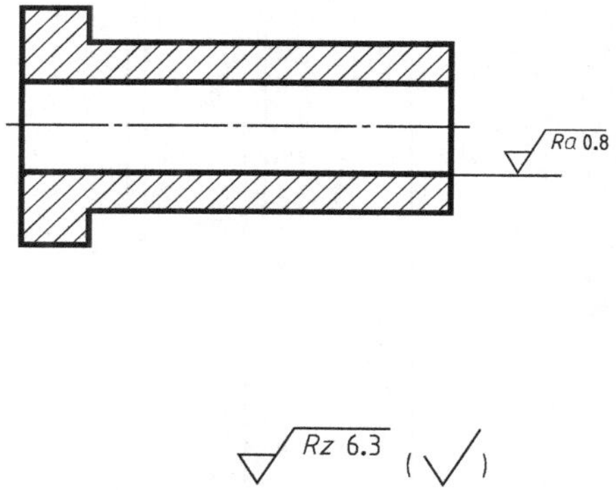

1. 表面粗糙度要求

（1）ϕ20mm 孔内表面粗糙度要求：去除材料，单向上限值，默认传输带，R 轮廓，粗糙度最大高度的最大值 $Rz = 0.2\mu m$，评定长度为 5 个取样长度（默认），最大规则。

（2）底面、顶面表面粗糙度要求：去除材料，单向上限值，传输带 0.008 ~ 0.8mm，R 轮廓，算术平均偏差 $Ra = 6.3\mu m$，评定长度为 5 个取样长度（默认），16% 规则（默认）。

（3）除上述 3 个表面外，其余为不去除材料的表面。

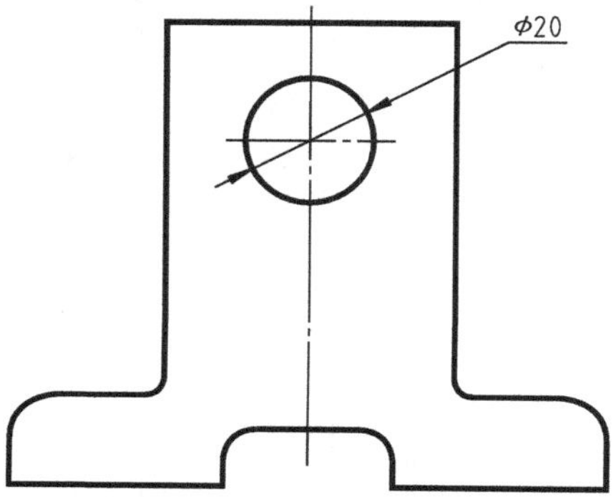

2. 表面粗糙度要求

（1）孔 ϕ30H7 内孔的表面粗糙度要求：去除材料，双向极限值，两极限值均为默认传输带，R 轮廓，默认评定长度，16% 规则（默认）；上极限值 $Ra = 1.6\mu m$，下极限值 $Ra = 0.8\mu m$。

（2）键槽两侧面的表面粗糙度要求：去除材料，单向上限值，默认传输带，R 轮廓，默认评定长度，最大规则；上限值 $Ra = 3.2\mu m$。

（3）键槽顶面的表面粗糙度要求：去除材料，单向上限值，默认传输带，R 轮廓，默认评定长度，16% 规则（默认），上限值 $Ra = 6.3\mu m$。

（4）除上述 4 个表面外，其余为不去除材料的表面。

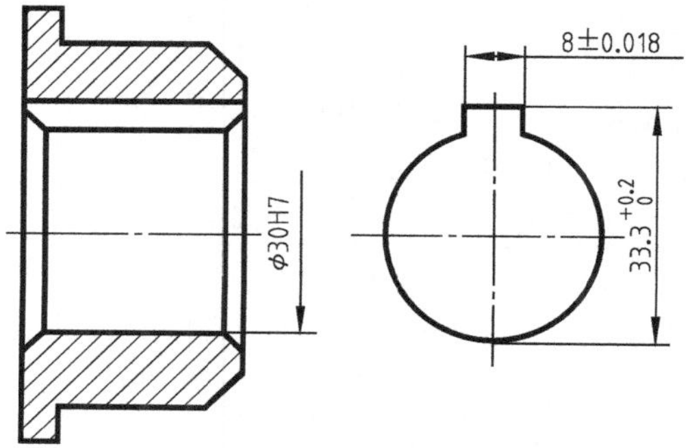

表面结构要求标注　9-3　指出下图中表面粗糙度标注的错误，将正确的表面粗糙度标注在图上，并用 AutoCAD 绘制图形及正确的标注（左、右两端面 $Ra=12.5\mu m$）

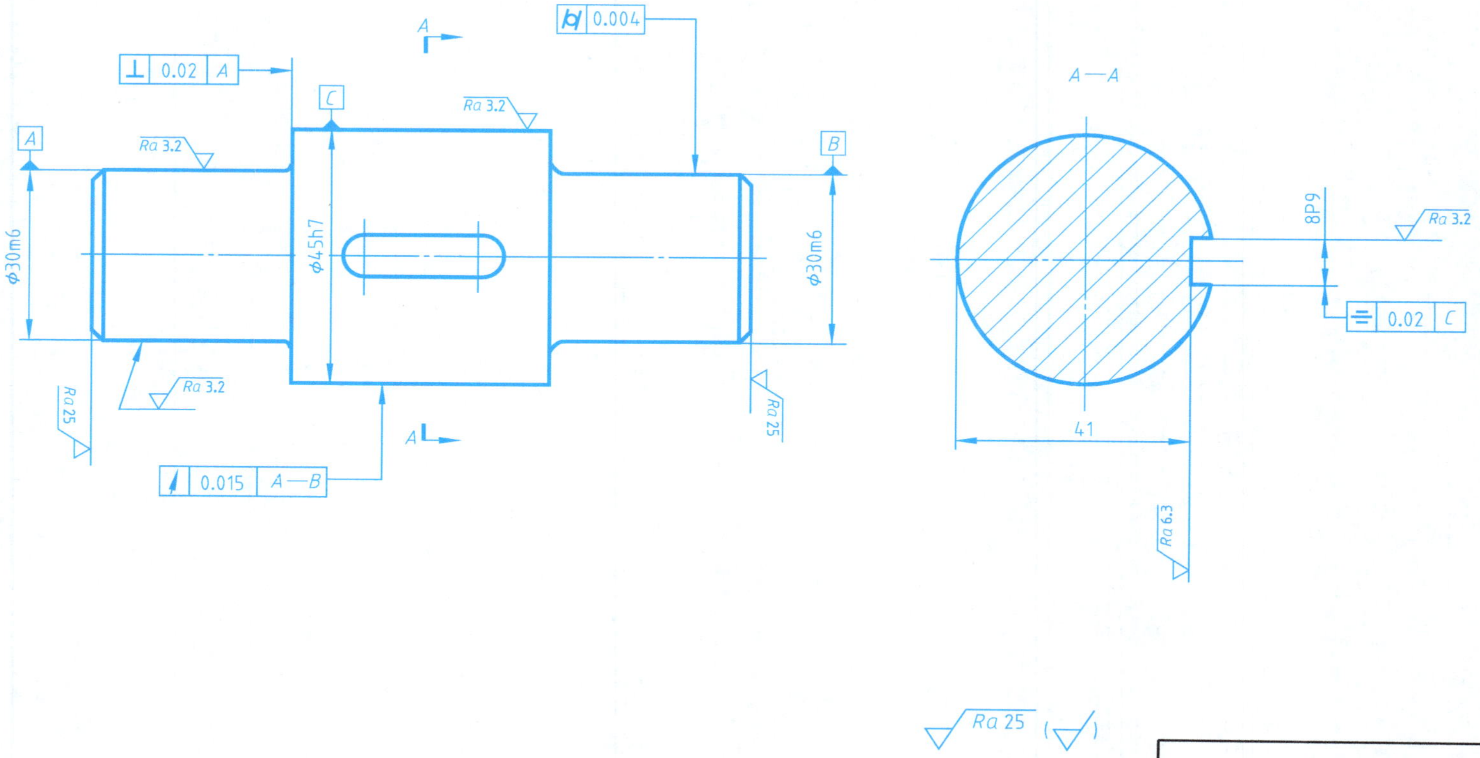

标题栏

班级：　　姓名：　　学号：　　审核：

极限与配合　9-4　根据已知的公称尺寸和公差带代号，从极限偏差表查出极限偏差值，并填写下表

公称尺寸及公差带代号	上极限偏差	下极限偏差	公差值
ϕ50H7			
ϕ50h6			
ϕ50G7			
ϕ30k6			
ϕ30js7			

极限与配合　9-5　根据零件图上标注的尺寸和极限偏差，由极限偏差表查出公差带代号，并在装配图上标注公称尺寸和配合代号

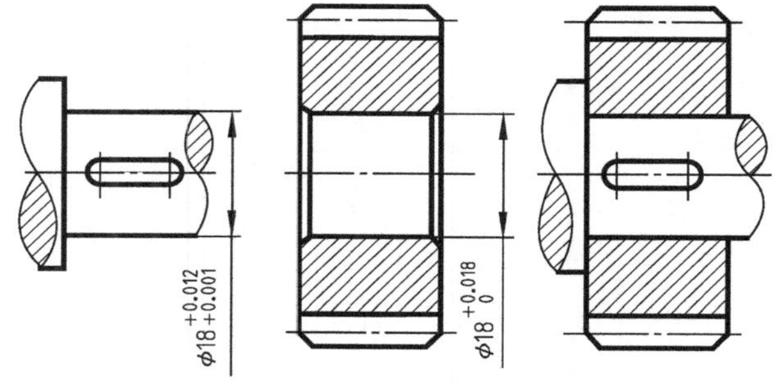

极限与配合　9-6　根据装配图中所标注的配合代号，说明其配合基准制、配合种类，并分别在相应的零件图上注写其公称尺寸和公差带代号

1. ϕ15H7/g6 基准制__________
配合种类__________
ϕ25H7/p6　基准制__________
配合种类__________

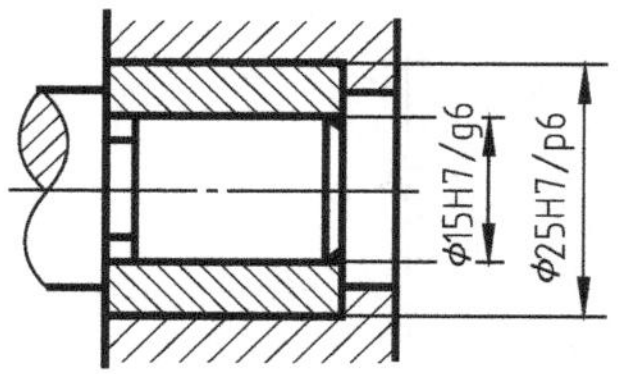

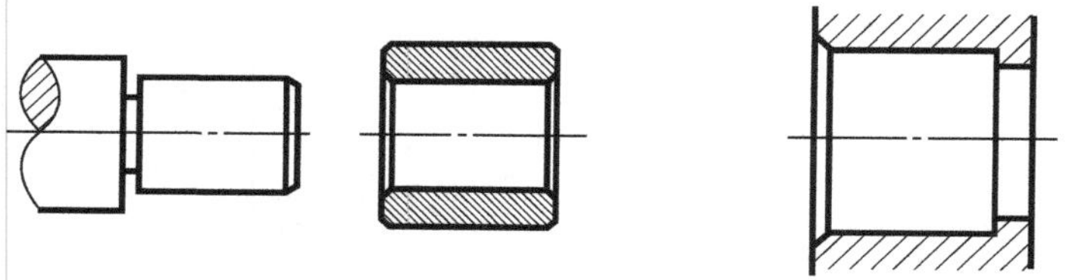

2. ϕ10G7/h6　基准制__________配合种类__________
ϕ10N7/h6 基准制__________配合种类__________

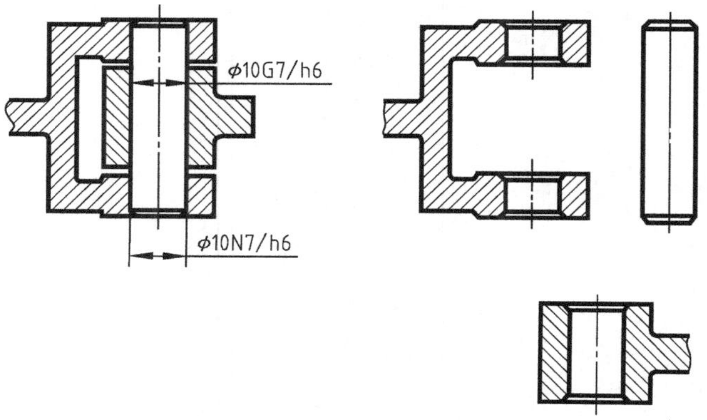

几何公差　9-7　在图上用公差代号标注出下列各题的几何公差

1. 槽 20mm 对距离为 40mm 的两平面的对称度公差为 0.06mm

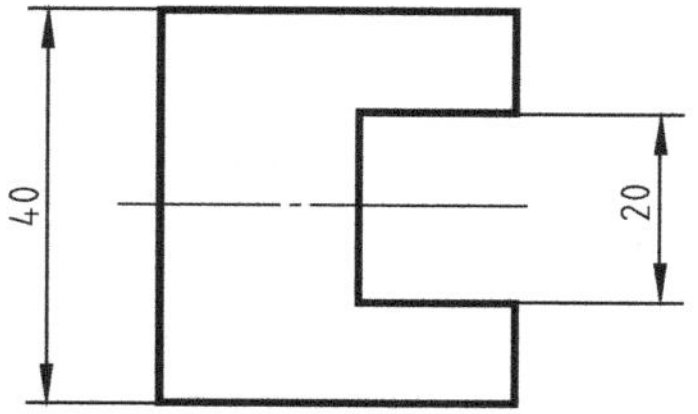

2. （1）ϕ25h6 轴线对 ϕ18H7 轴线的同轴度公差为 ϕ0.02mm

（2）右端面 *A* 对孔 ϕ18H7 轴线的垂直度公差 0.04mm

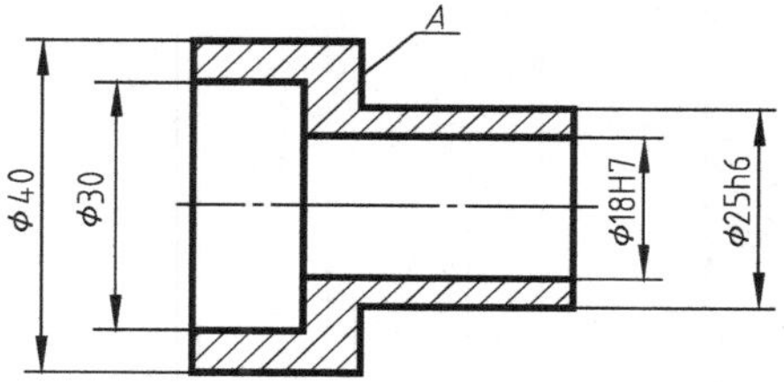

3. （1）轴肩 *A* 对 ϕ15h6（左、右两轴颈）轴线的轴向圆跳动公差 0.03mm

（2）ϕ25r7 对 ϕ15h6（左、右两轴颈）轴线的径向圆跳动公差 0.03mm

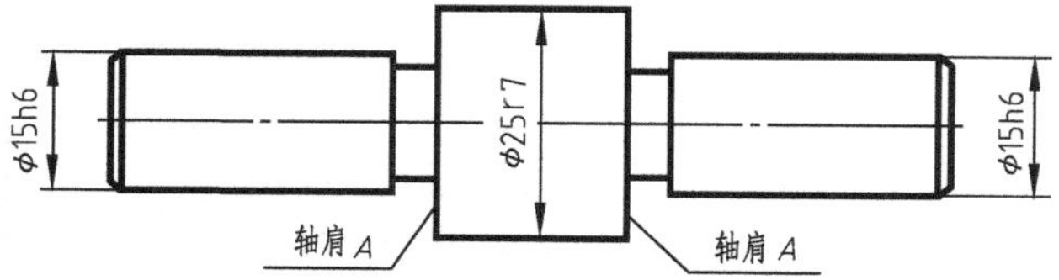

4. （1）ϕ18H7 孔轴线对底面 *A* 的平行度公差 0.025mm

（2）ϕ18H7 孔的圆柱度公差 0.007mm

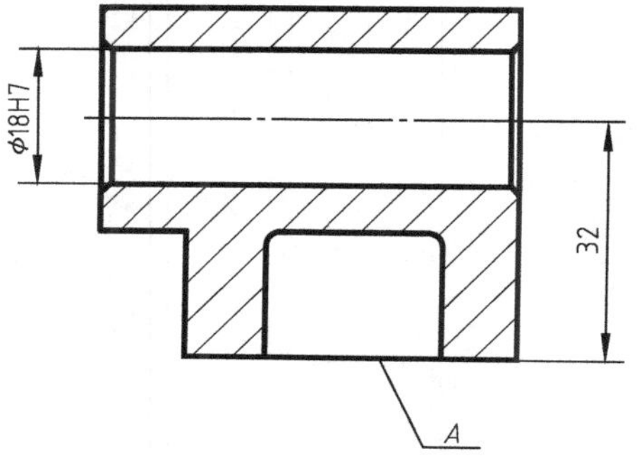

几何公差　9-8　按要求标注几何公差

1. ϕ20mm 外圆柱面素线直线度公差为 0.012mm

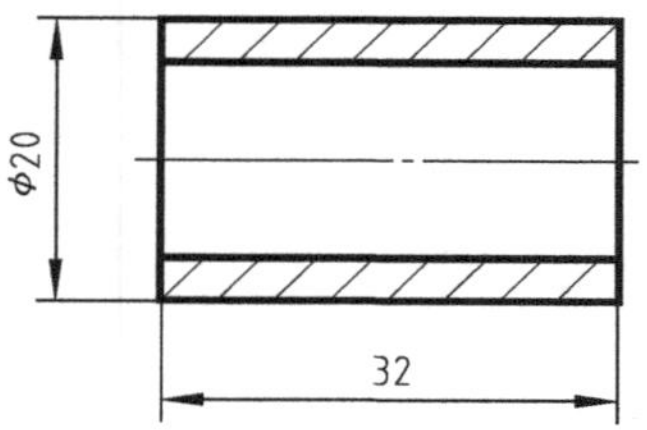

2. ϕ20mm 表面的圆度公差为 0.01mm

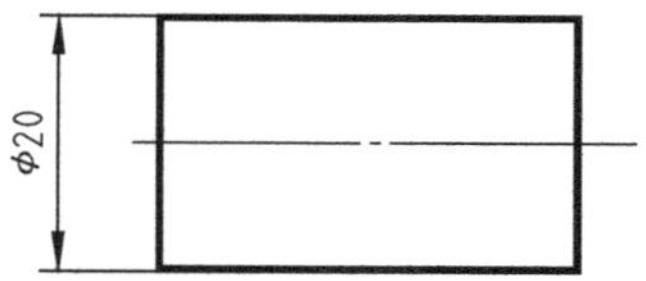

3. ϕ23mm 的左端面对 ϕ15mm 轴线的垂直度公差为 0.025mm

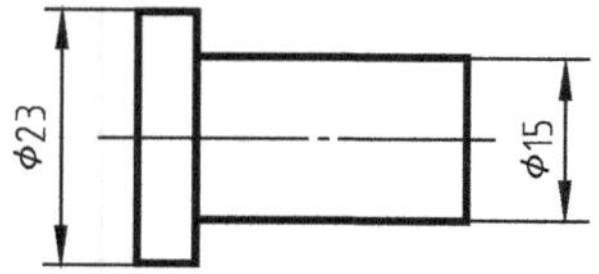

4. ϕ15mm 圆柱表面对左右两轴端 ϕ8mm 轴线的轴向圆跳动公差为 0.015mm

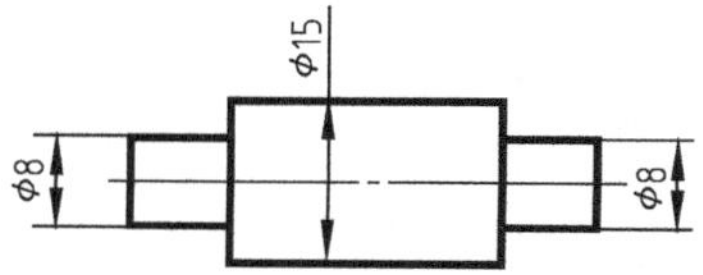

几何公差　9-9　写出 1-6 几何公差要求的意义

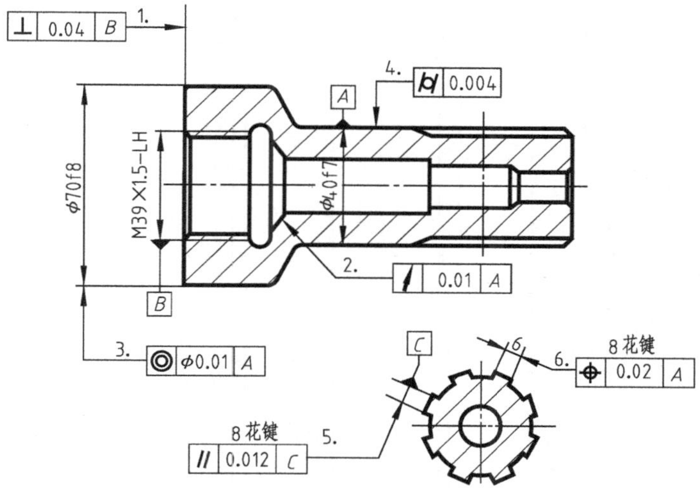

用文字说明

1 ____________________

____

2 ____________________

____

3 ____________________

____

4 ____________________

____

5 ____________________

____

6 ____________________

班级：　　　　姓名：　　　　学号：　　　　审核：

1. $\phi 40\frac{9h}{9f}$

2. $\phi 40\frac{g7}{H6}$

3. $\phi 50\frac{-0.089}{-0.050}$

4. $\phi 25\frac{g7}{h6}$

5.

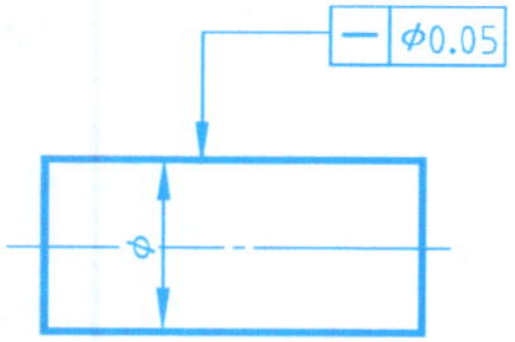

6.

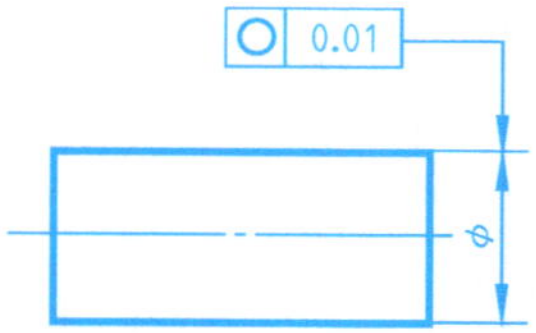

7.

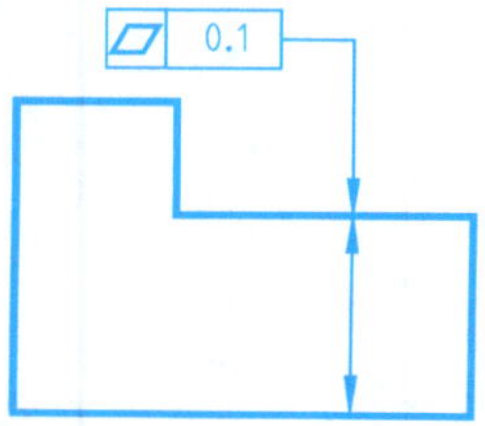

8.

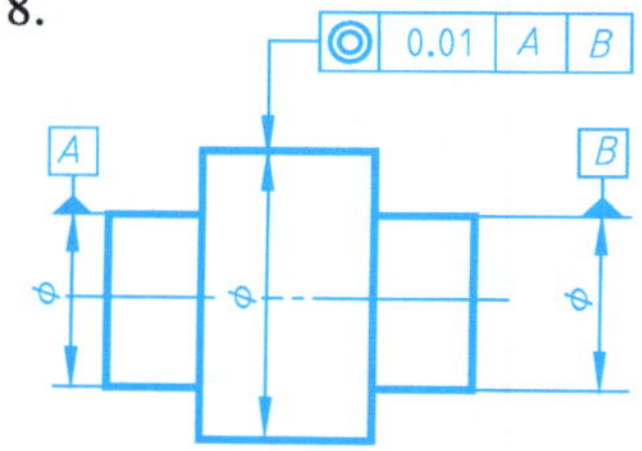

9.

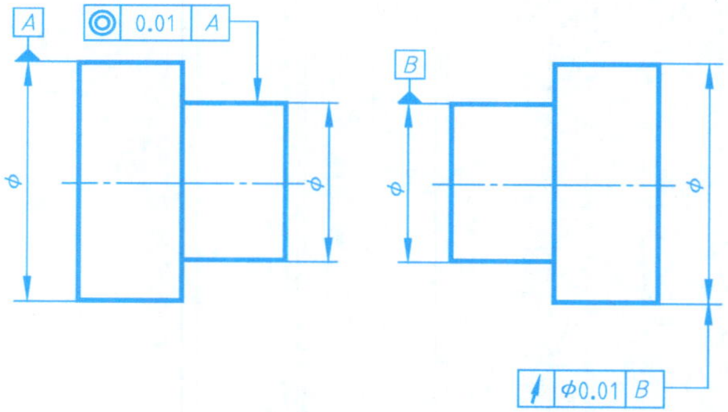

10.

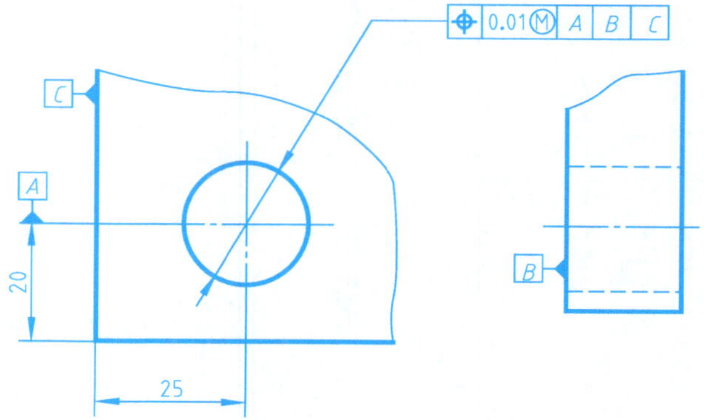

计算机标注技术要求　9-11　看懂零件图，分析零件结构、尺寸和技术要求，画出 *C—C* 移出断面；用 AutoCAD 抄画零件图，并回答下面问题

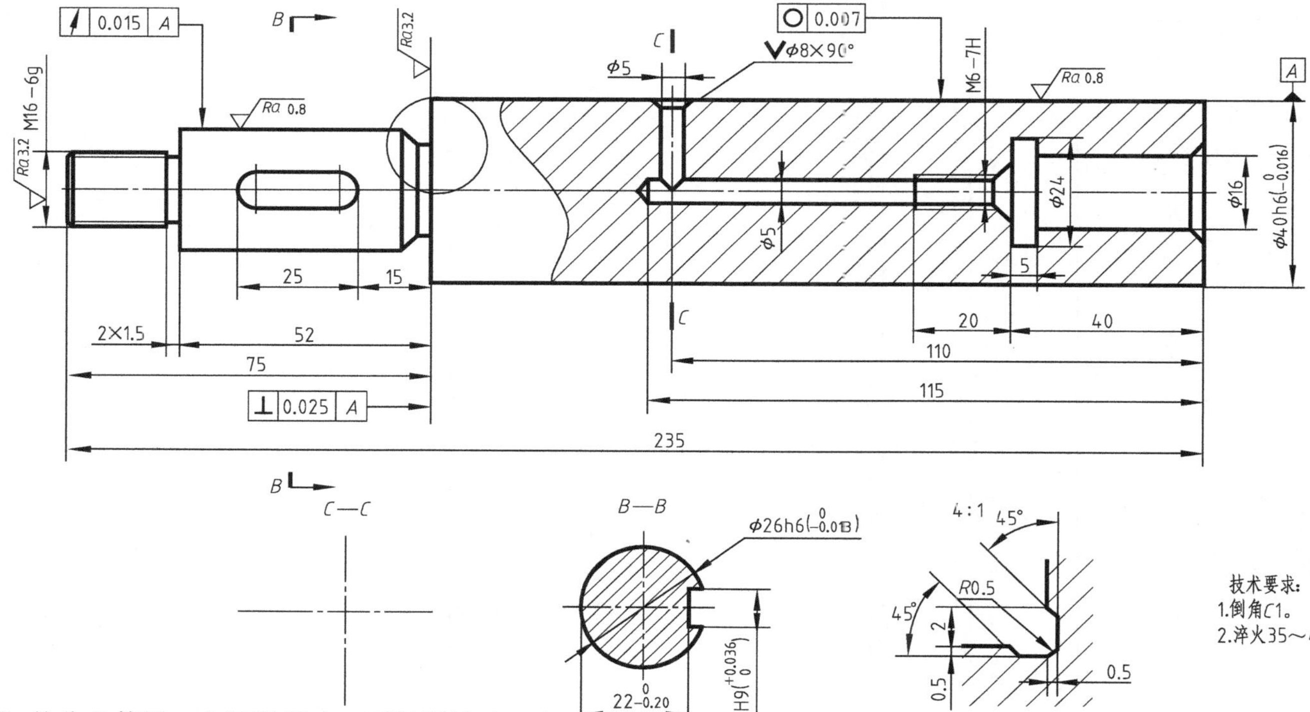

1. ϕ40h6（$^{0}_{-0.016}$）的公差等级、上极限尺寸、下极限尺寸、上极限偏差、下极限偏差、公差各是多少？

2. 解释几何公差框格 [↗|0.015|A]　[⊥|0.025|A]　[○|0.007] 的意义。

3. 作 *C—C* 断面图。

4. 表面粗糙度 $\sqrt{Ra\ 0.8}$ 的解释。

5. 键槽两侧表面粗糙度要求：去除材料，单向上限值，传输带和评定长度均为默认、*R* 轮廓，最大规则，*Ra*＝3.2μm，将此要求标注在图上。

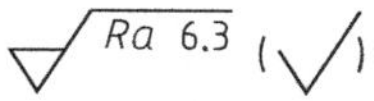

主轴		比例	数量	材料	（图号）
制图			（校名）		
审核					

班级：　　姓名：　　学号：　　审核：

第 10 章　标准件与常用件

螺纹的画法　10-1 判断下列螺纹画法的正确性，在（　　）内正确的打√，错误的打×

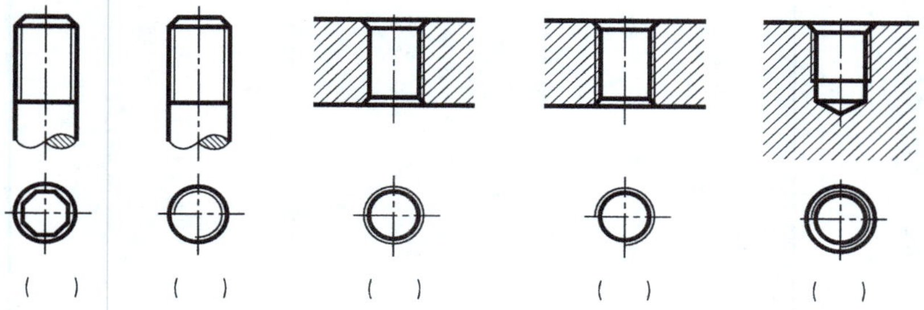

螺纹的画法　10-2　补全螺纹的投影，大径为 ϕ16mm，倒角为 $C2$

1.

2.

螺纹的画法　10-3　找出下列螺纹和螺纹联接画法的错误（打上×号），并在下方画出正确的图形

1. 内螺纹（通孔）

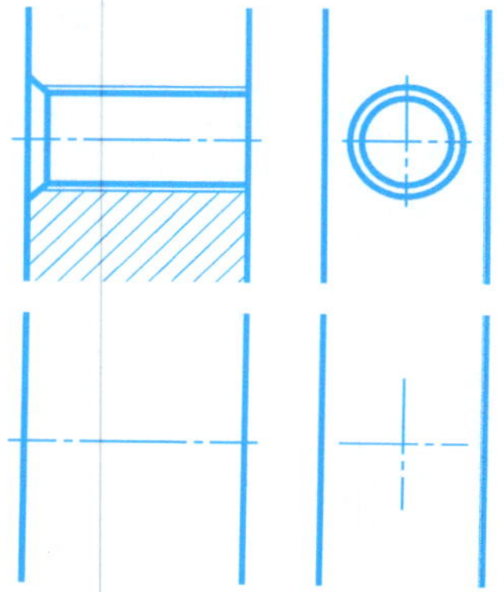

2. 内螺纹（不通孔）

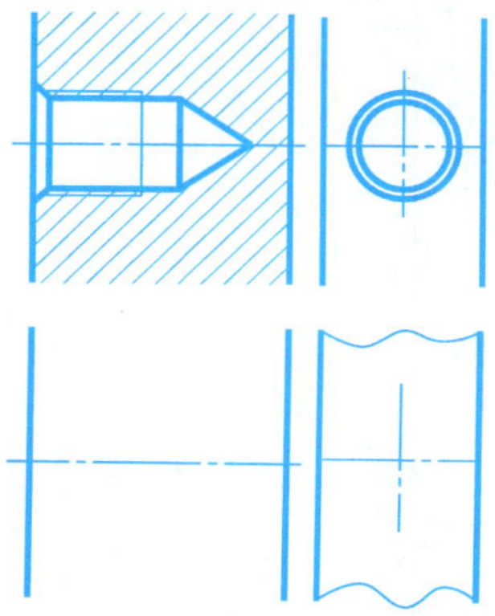

3. 内外螺纹旋合（通孔）

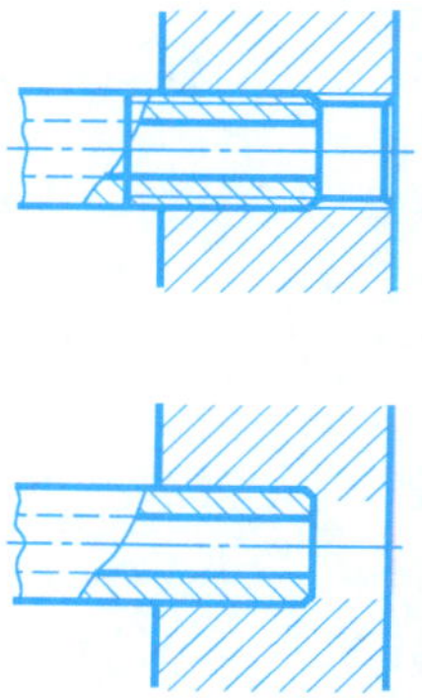

4. 内外螺纹旋合（不通孔）

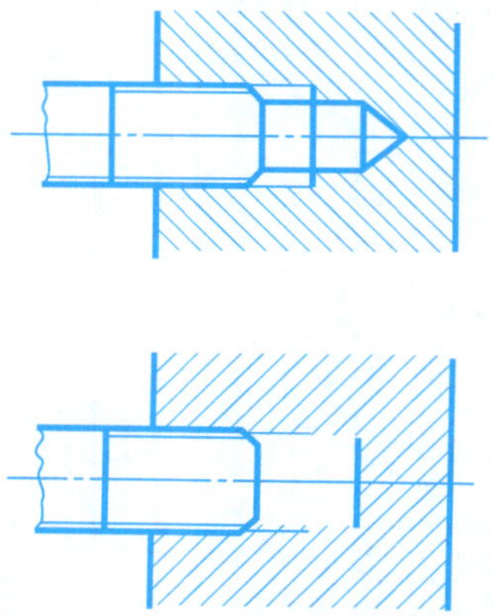

班级：　　　　姓名：　　　　学号：　　　　审核：

螺纹的画法 10-4 在图上注出下列螺纹的标记

1. 粗牙普通螺纹，公称直径 20mm，螺距 2.5mm，右旋，中径公差代号为 7g，顶径公差代号为 6g，中等旋合长度

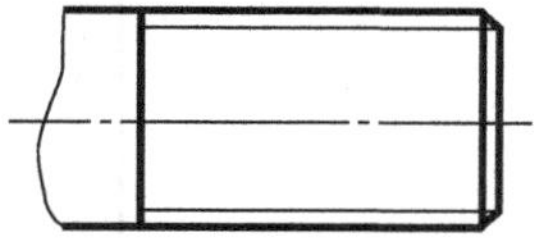

2. 细牙普通螺纹，公称直径 20mm，螺距 2mm，左旋，中径、顶径公差代号为 7G，短旋合长度

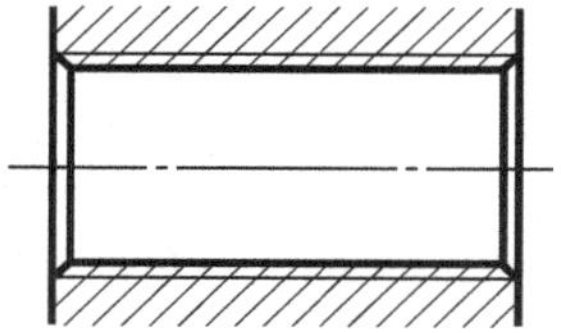

3. 55°非密封管螺纹，尺寸代号 1/2，精度等级 A 级

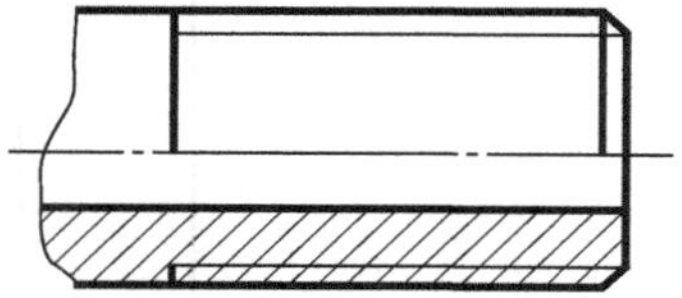

4. 55°密封管螺纹，尺寸代号 3/4

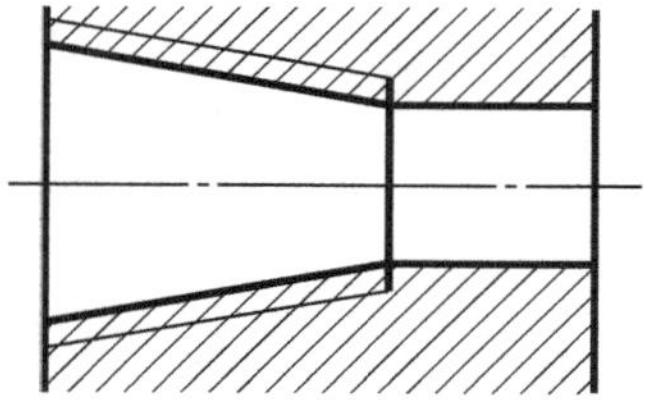

5. 梯形螺纹，公称直径 30mm，螺距 5mm，双线，中径公差代号为 8e，长旋合长度，右旋

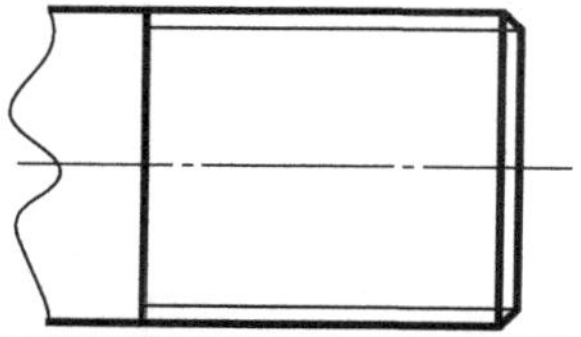

6. 锯齿形螺纹，公称直径 30mm，螺距 5mm，单线，中径公差带为 8c，左旋

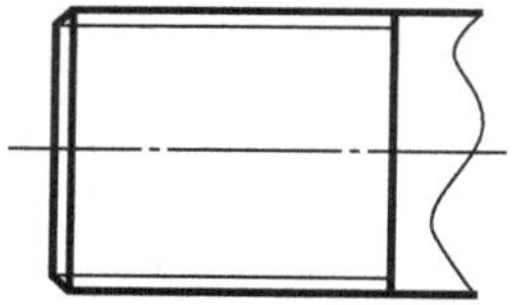

螺纹的画法 10-5 查表后注写下列连接件的尺寸数值，并填写规定标记

1. A 级六角头螺栓：螺纹规格 $d=20$mm，公称长度 $l=70$mm

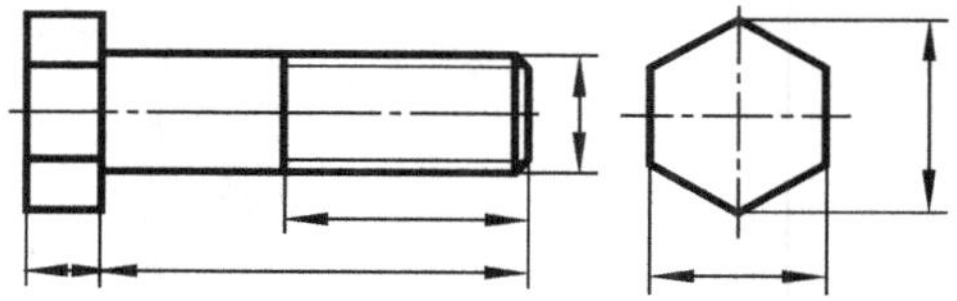

标记：________________

2. B 型双头螺柱：螺纹规格 $d=20$mm，公称长度 $l=70$mm，$b_m=1.5d$

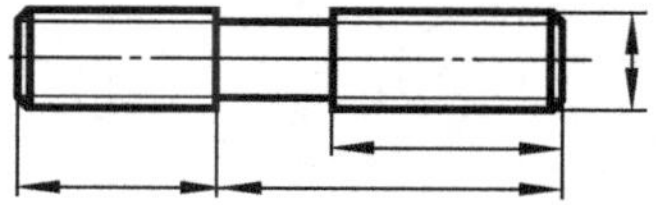

标记：________________

3. 开槽盘头螺钉：螺纹规格 $d=10$mm；公称长度 $l=35$mm

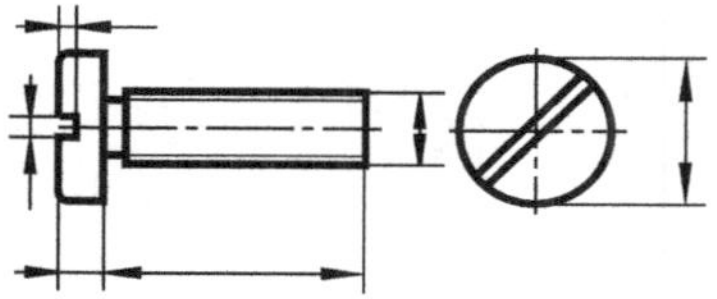

标记：________________

4. 开槽平端紧定螺钉：螺纹规格 $d=12$mm，公称长度 $l=40$mm

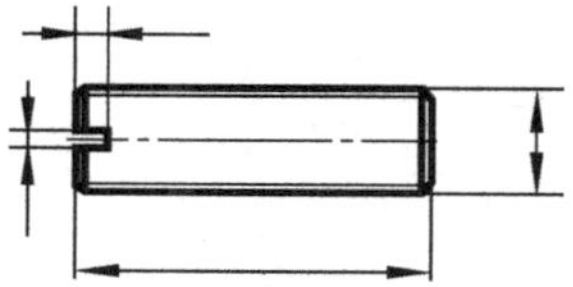

标记：________________

5. A 级 1 型六角螺母：螺纹规格 $D=20$mm

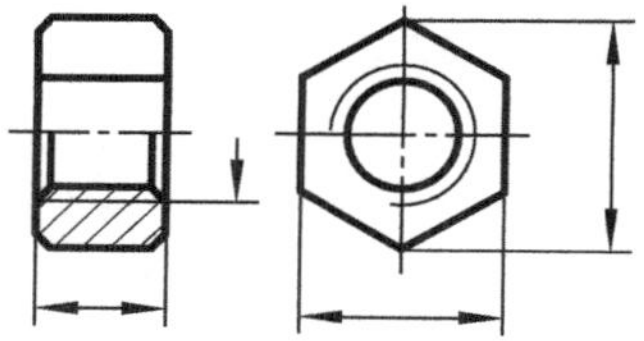

标记：________________

6. 平垫圈：公称规格 20mm

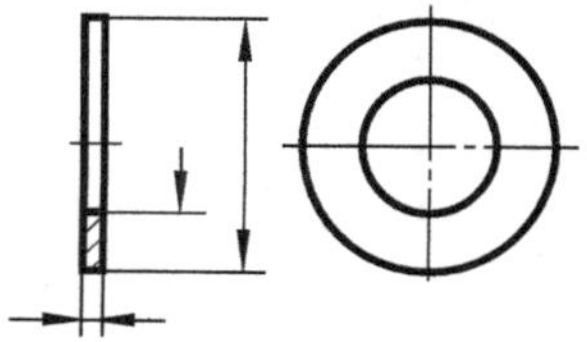

标记：________________

班级：　　　　姓名：　　　　学号：　　　　审核：

螺纹的画法　10-6　根据给定的螺纹紧固件，用近似法画出其联接后的主视图和俯视图；或另用 A3 图画出

1. 螺栓　GB/T 5782　M16×80

螺母　GB/T 6170　M16

垫圈　GB/T 97.1　16

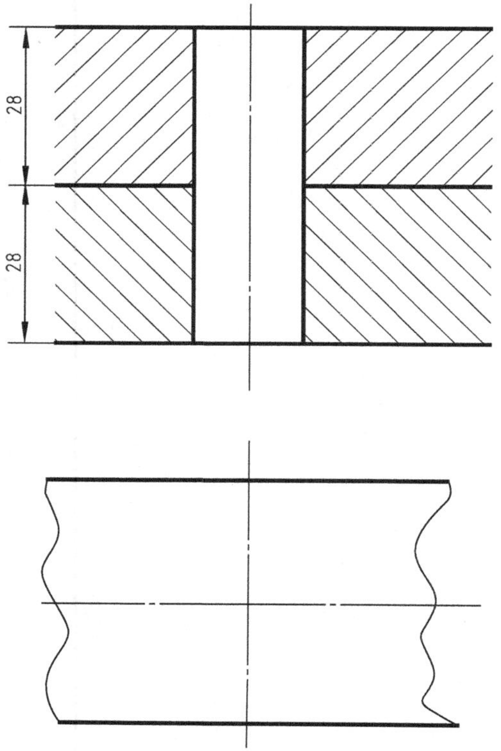

2. 螺柱　GB 898　M16×60

螺母　GB/T 6170　M16

垫圈　GB 93—87　16

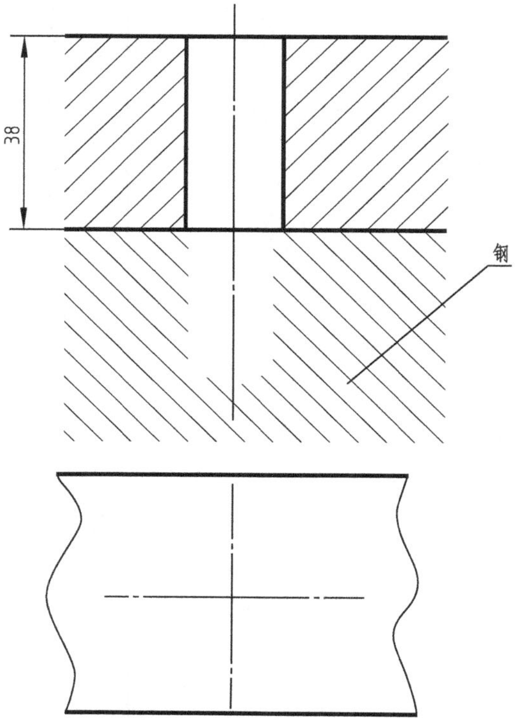

3. 螺钉　GB/T 68　M10×50

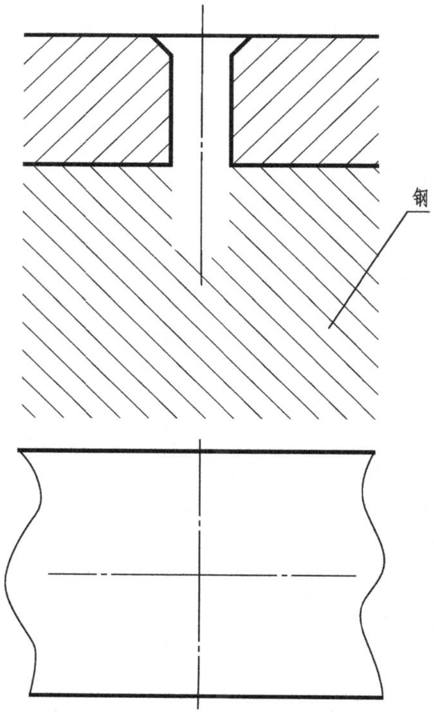

班级：　　姓名：　　学号：　　审核：

齿轮的画法 10-7 已知标准齿轮的模数 $m=3\text{mm}$，$z=30$，计算轮齿各部分尺寸，补画出齿轮的两个视图（用 A3 图纸画出）

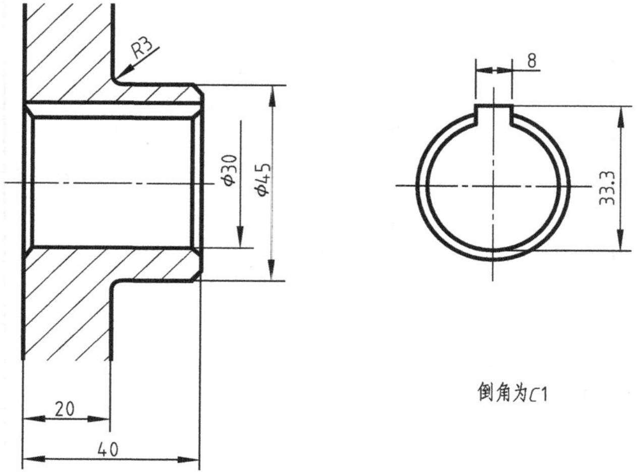

齿轮的画法 10-8 已知一对啮合的直齿圆柱齿轮，补画图中啮合部分所缺的图线

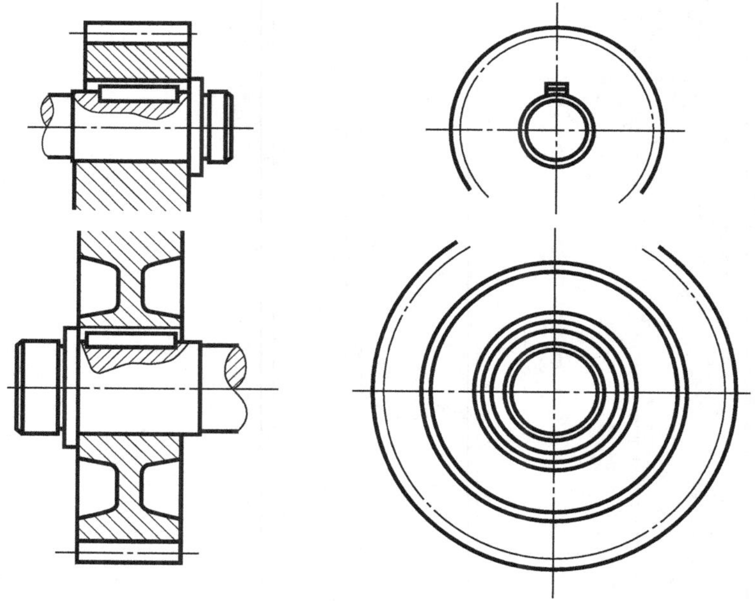

齿轮的画法　10-9　已知锥齿轮参数：模数 $m=4\text{mm}$，齿数 $z=25$，节锥角 $\delta=45°$，计算齿轮各部分尺寸，完成锥齿轮的两视图（左视图采用折断画法）

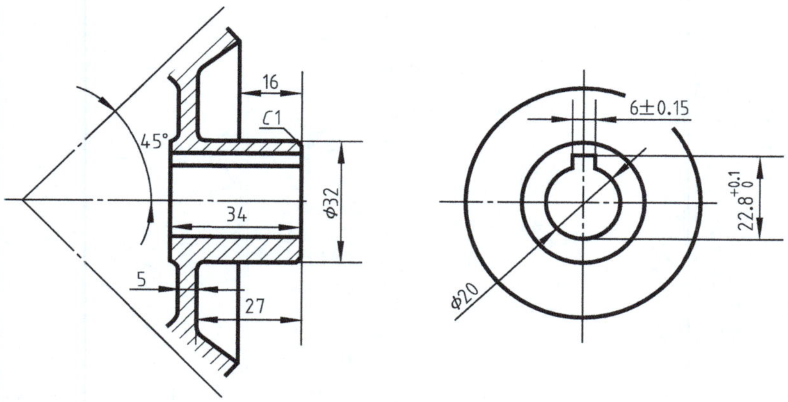

齿轮的画法　10-10　一对直齿锥齿轮啮合，$m=3\text{mm}$，$z_1=z_2=24$，齿宽 $b=16\text{mm}$，两轴夹角为 90°，画出啮合图（左视图采用折断画法）

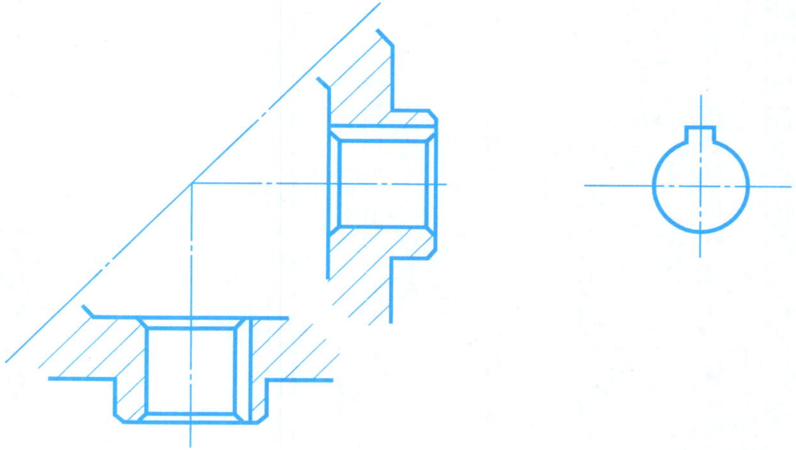

班级：　　　　姓名：　　　　学号：　　　　审核：

键、销联接和弹簧的画法　10-11　下列图是轴与孔采用正常平键联接，试根据轴径查表，标注它们的键槽尺寸及其极限偏差值，并完成键联接图

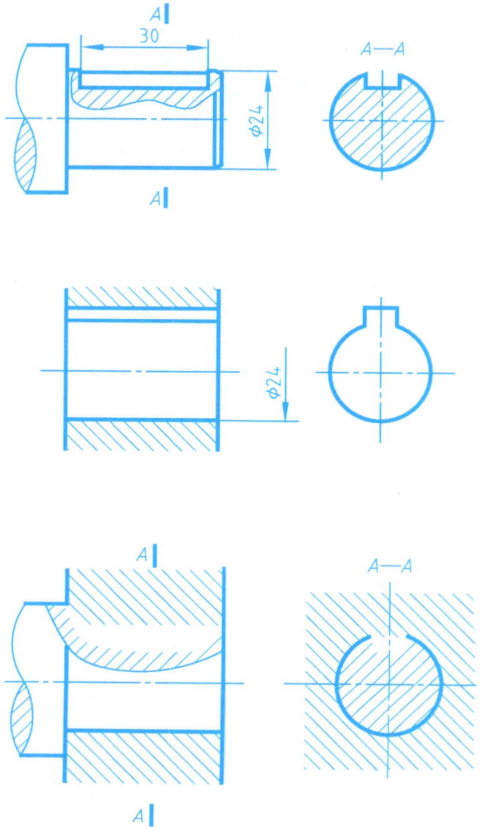

键、销联接和弹簧的画法　10-12　完成圆柱销联接图　销 GB/T 119.1 10 m6×50

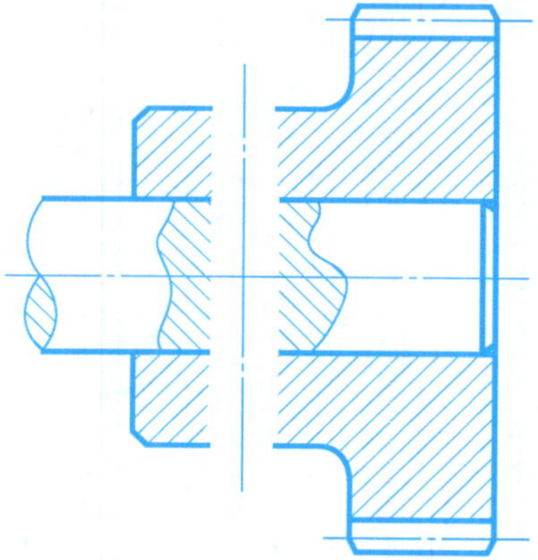

键、销联接和弹簧的画法　10-13　用 1∶2 的比例画出圆柱螺旋压缩弹簧的全剖视图并标注尺寸，已知簧丝直径 $d=8$mm，弹簧外径 $D_2=50$mm，节距 $p=12$mm，有效圈数 $n=8$，总圈数 $n_1=10.5$，右旋

班级：　　姓名：　　学号：　　审核：

10-14 根据已知尺寸，选择螺纹紧固件，联接下列零件，画出联接图

作业指导：螺栓可选 M12（第 1 题），螺柱可选 M24（第 2 题）。用比例画法画出。螺栓、螺柱和螺母头部可用简化画法。建议采用 1∶1 比例，两题均采用 A3 图。不标注尺寸。所有紧固件列表标出规定标记。

1.

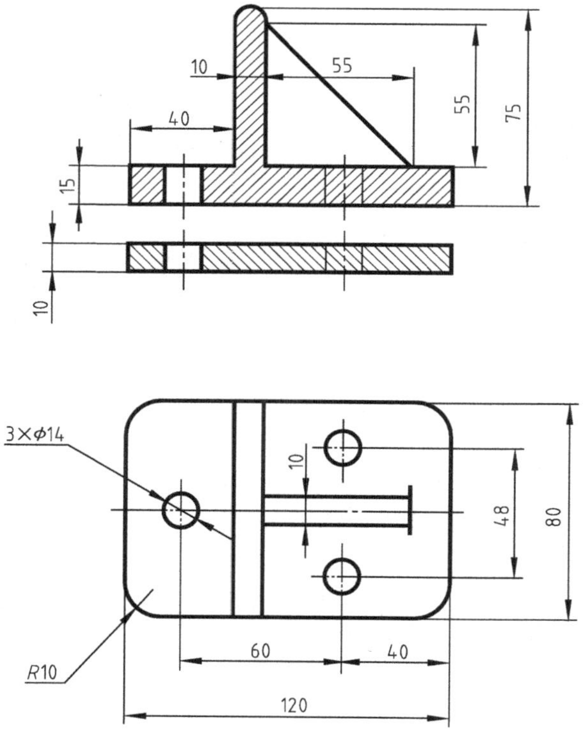

未注圆角R3

2.

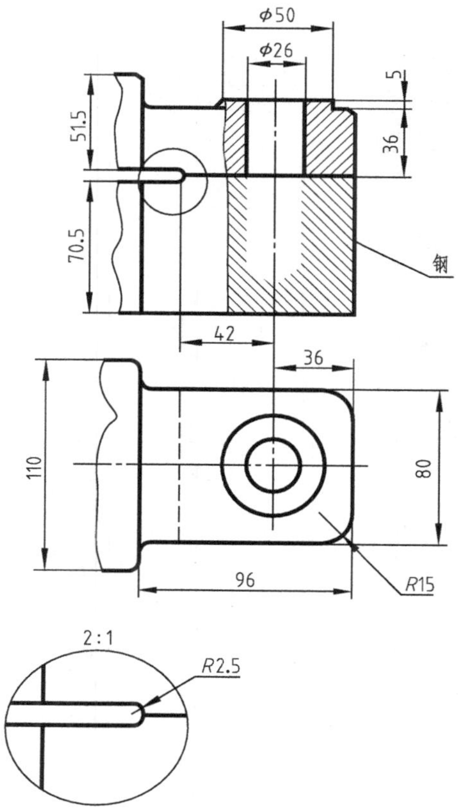

未注圆角R3

班级：　　姓名：　　学号：　　审核：

齿轮综合练习　10-15　一对互相啮合的标准直齿轮 1 和 2，计算后，按规定画出一对齿轮的啮合图。采用 A3 图，比例 1：1

数据：模数 $m_1 = m_2 = 4$，齿数 $Z_1 = 24$、$Z_2 = 20$，轴颈 $d_1 = \phi22$、$d_2 = \phi18$，齿宽 $B_1 = B_2 = 24$，轮毂外径 $D_1 = 44$、$D_2 = 36$，轮毂长 $L_1 = 40$、$L_2 = 30$，台阶轴颈 $a_1 = 26$、$a_2 = 22$

作业指导：1. 根据以上参数计算两齿轮有关尺寸。2. 根据轴颈 d_1 和 d_2 查表，获取键及键槽的有关尺寸。3. 根据示意图画出轴、键和齿轮孔的联接图，画出两个齿轮的啮合图。4. 画主、左两视图，仅标注中心距尺寸，两轴的左右两端均采用折断画法。

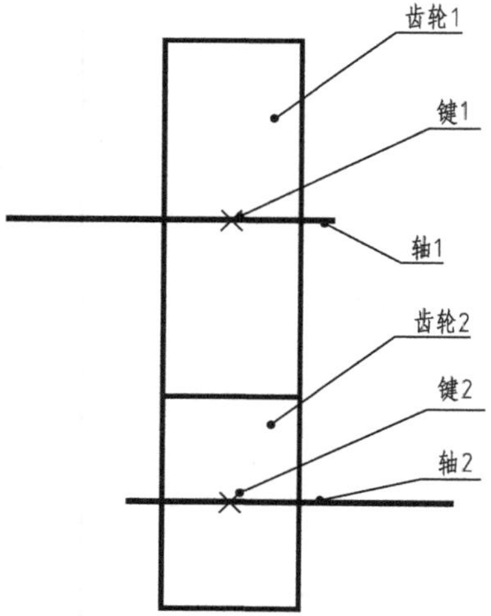

两齿轮啮合装配示意图

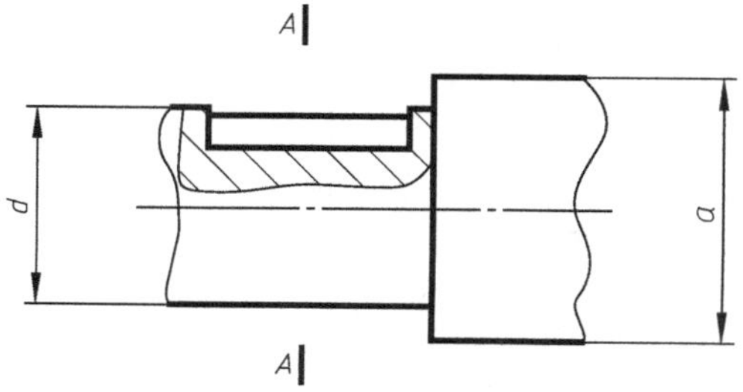

轴示意图

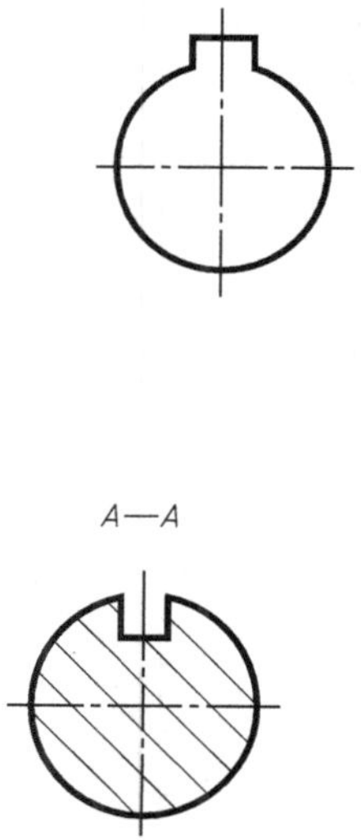

未注倒角C1

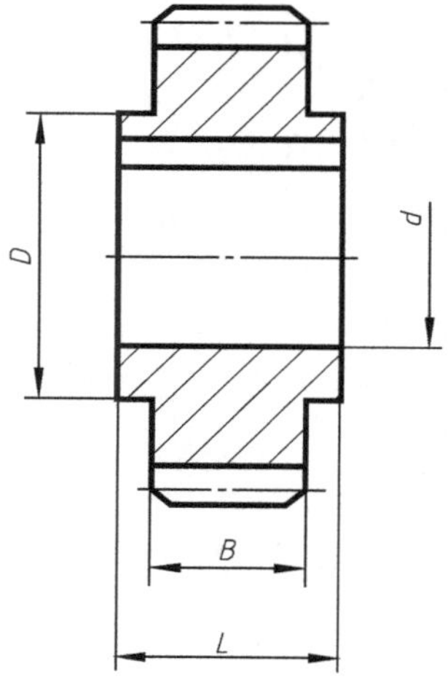

齿轮示意图

第 11 章　零件图

零件绘制与阅读　11-1　根据轴测图画出轴的零件图。选择表达方案；比例、图幅自定；标注尺寸（键槽尺寸查表确定）

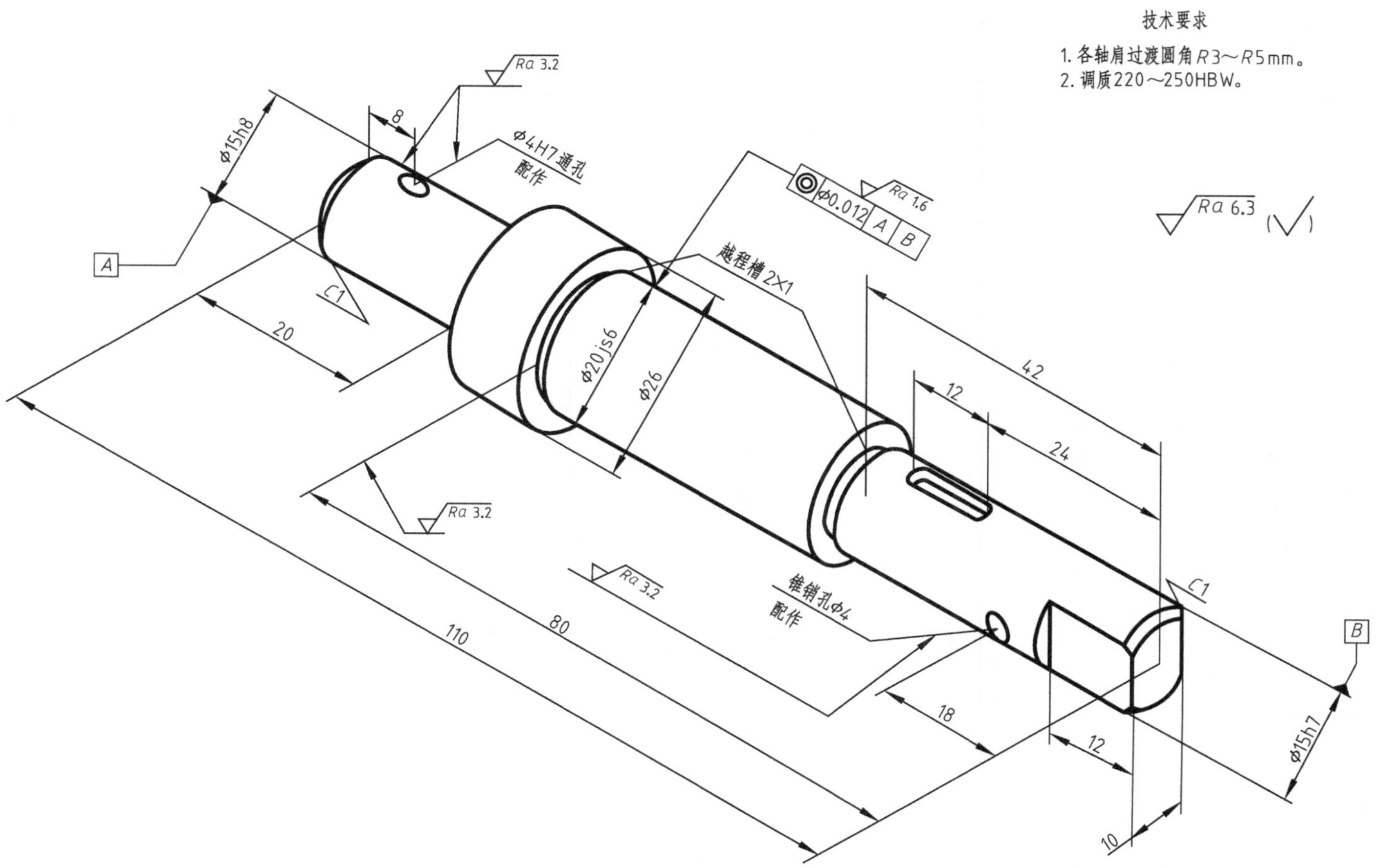

绘图要求

1. 图纸幅面 A3，比例：1∶1。

2. 技术要求：未注铸造圆角 $R3$。

3. 下列各面表面结构要求：去除材料，单向上限值，默认传输带，默认评定长度，16%规则（默认），R 轮廓，各面 Ra 的上限值为：ϕ30mm、ϕ24mm 内孔，$Ra=3.2\mu m$；ϕ46mm、ϕ36mm 圆柱两端面，$Ra=6.3\mu m$；ϕ36 右前侧面的长形凸台表面及 2×ϕ10mm 孔、2×ϕ6mm 孔、90°沉孔、孔口倒角 $Ra=12.5\mu m$；其余各表面为不允许去除材料。

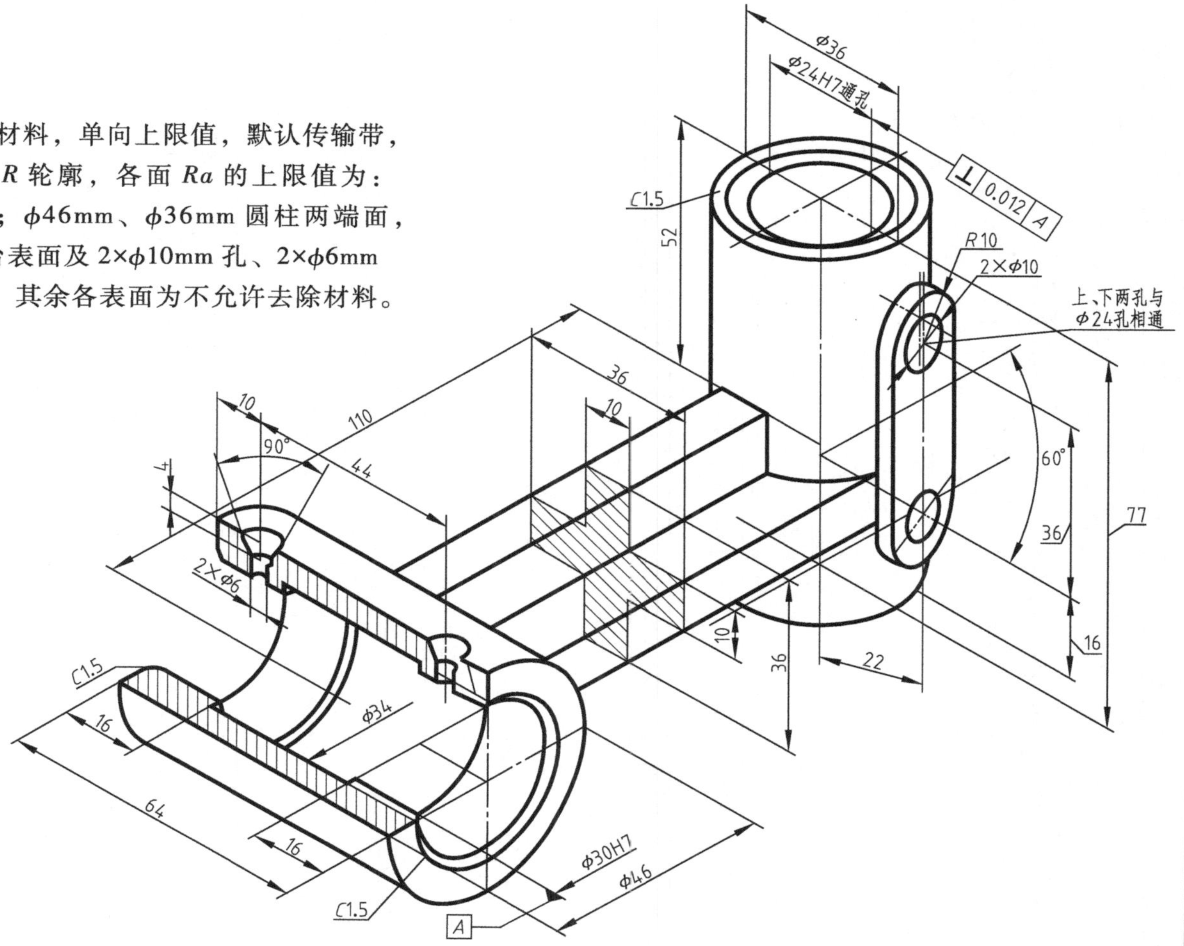

零件绘制与阅读　11-3　读顶杆帽零件图并回答问题

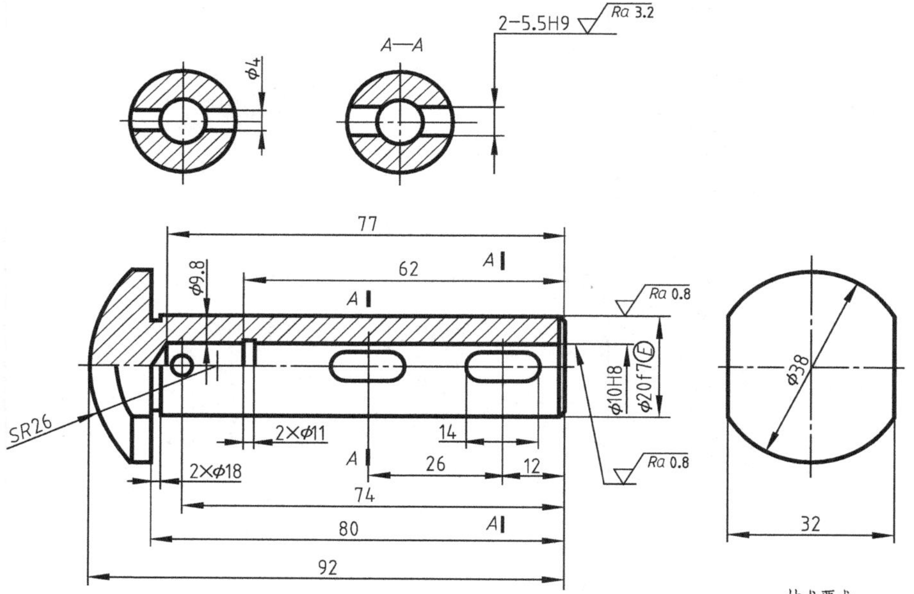

技术要求
1. 淬火58～65HRC。
2. 倒角C1。

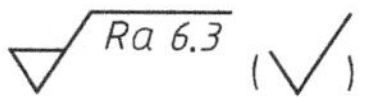

回答问题

1. 表达零件结构形状用了哪些视图？何种表达方式？何种断面？__________

2. ϕ9.8mm 孔的表面粗糙度代号是什么？

3. 用半剖视图画俯视图。

4. 尺寸“*SR*26”中的“*S*”的含义是__________。

5. 说明下面表面结构要求：

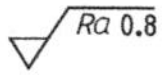

加工类型__________

传输带____评定长度__________

____轮廓，评定规则__________

Ra 的上限值__________

顶杆帽	比例	数量	材料	（图号）
	1∶1		45	
制图			（校名）	
审核				

11-4 看懂端盖零件图，分析零件结构，回答下面问题，并用 AutoCAD 抄画零件图

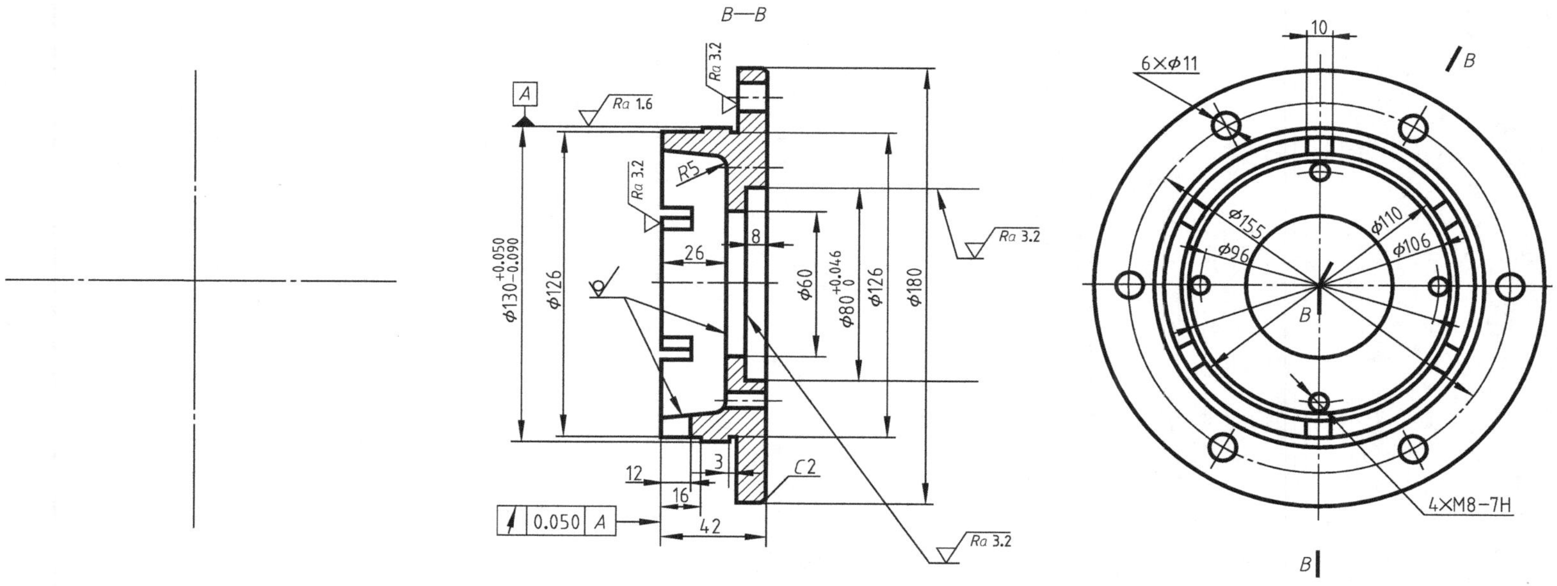

Ra 12.5 (√)

回答问题

1. 主视图采用____剖视图。
2. 端盖上有____个槽，它们的宽度为____，深度为____。
3. 端盖的周围有____个圆孔，它们的直径为____，定位尺寸为____。
4. 零件表面要求最高的表面粗糙度代号为____，要求最低的为____。
5. ↗ 0.050 A 的含义；测量部位是____，基准部位是____，公差项目为____。
6. 在指定位置，画出右视图的外形图。

端盖		比例	数量	材料	(图号)
				HT200	
制图			(校名)		
审核					

班级： 姓名： 学号： 审核：

零件绘制与阅读　11-5　读拨叉零件图，回答问题，并用 AutoCAD 抄画零件图

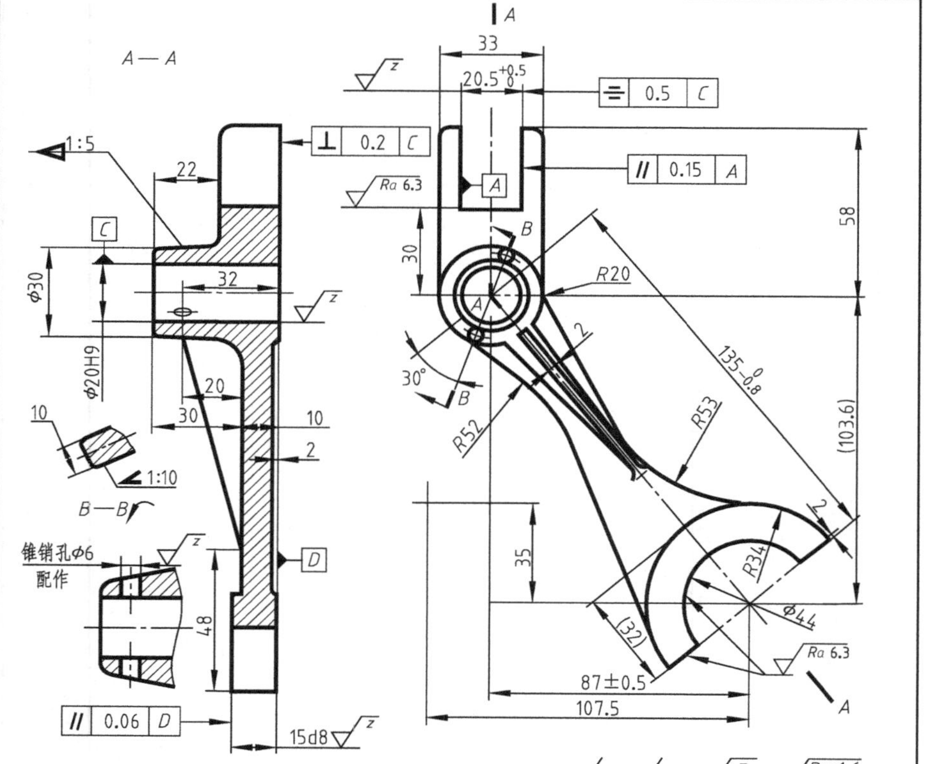

技术要求
1. 未注明圆角R2～R5。
2. 允许有锻造斜度。
3. 尺寸(32)范围内热处理43～48HRC。

拨叉		比例	数量	材料	(图号)
		1∶1.25	1	45	
制图			(校名)		
审核					

回答问题

1. 叉架类零件的结构特点，通常由________、________和________部分组成。

2. 图中 *A*—*A* 是用________两平面剖切的全剖视图；*B*—*B* 是用________平面剖切的剖视图；三角肋板断面形状采用________断面表达肋的斜度。

3. 在图中用文字和指引线标出长、宽、高三个方向的主要尺寸基准。

4. *B*—*B* 图形中，锥销孔 ϕ6mm 配作的定位尺寸为________，ϕ44mm 的孔的定位尺寸为________________。

5. 尺寸（103.6）是________尺寸，起______作用。尺寸（32）范围内的特殊要求为________________。

6. [// | 0.06 | D]表示________________________________。

[= | 0.5 | C]表示____________的对称公差为________________。

[// | 0.15 | A]表示________________________________。

11-6 看懂泵体零件图，画出零件右视的外形图，并用 AutoCAD 抄画零件图

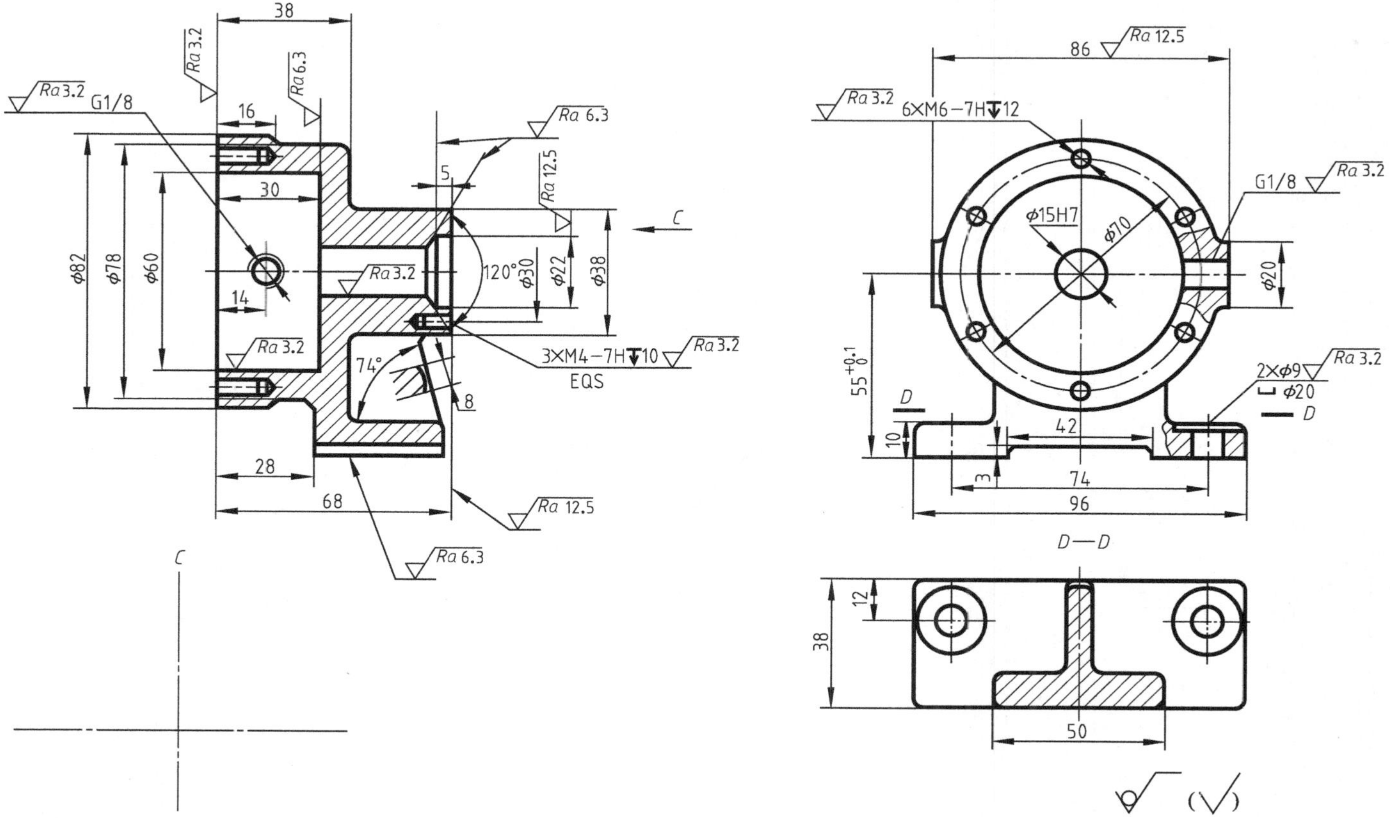

技术要求

1. 未注铸造圆角 R2～R4。
2. 不允许有砂眼、缩孔等铸造缺陷。

泵体		比例	数量	材料	10-2
		1：1.25	1	HT200	
制图			（校名）		
审核					

11-7 读阀体零件图，回答问题，并用 AutoCAD 抄画零件图

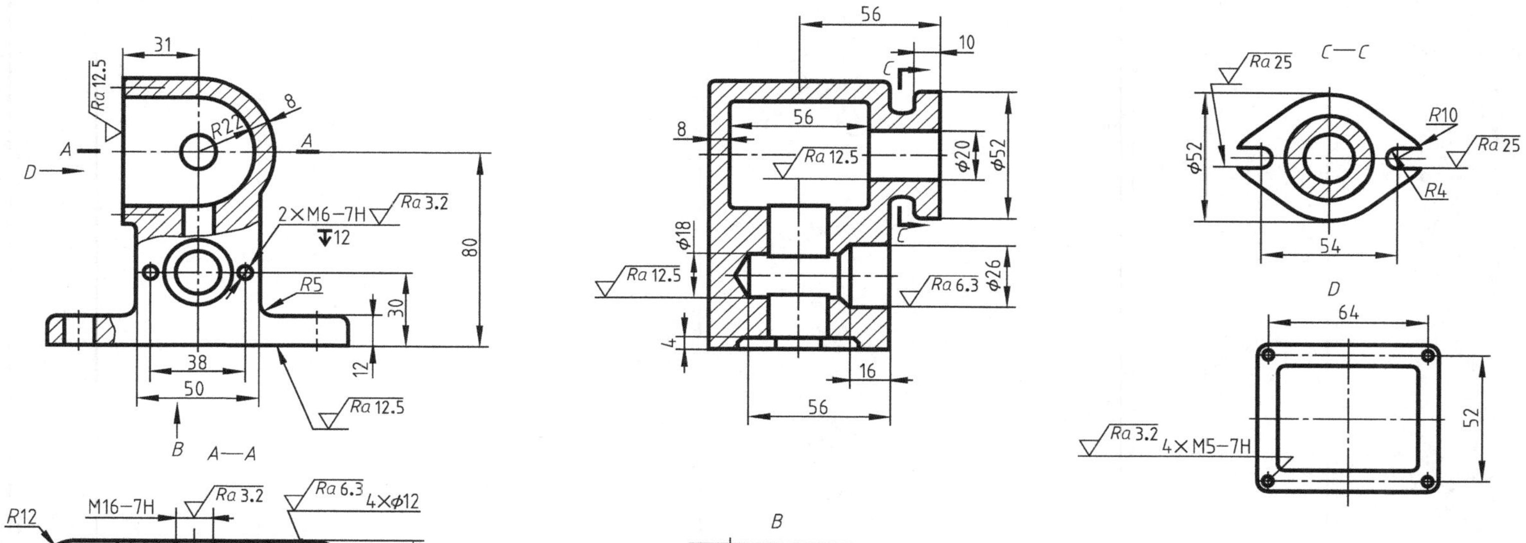

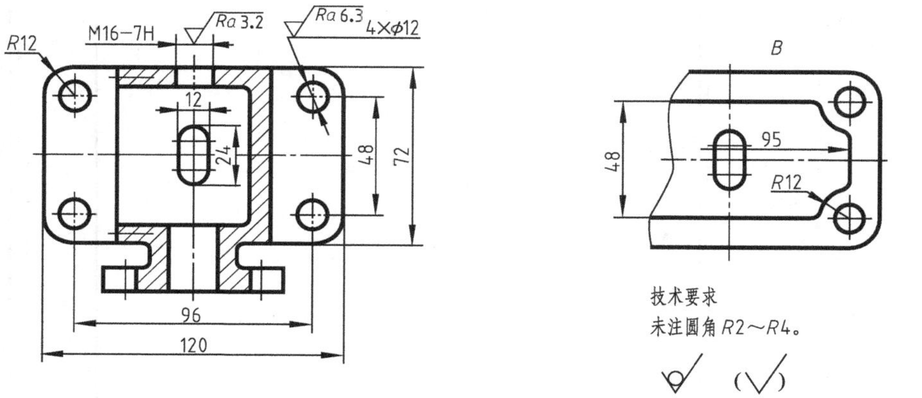

回答问题

1. 主视图采用什么剖视？剖视主要表达什么？
2. 在图中，用指引线指明阀体的长、宽、高三个方向的主要尺寸基准。
3. 画出主、左视图的外形图。
4. 用适当的图示方案表达型芯（内部空腔）的结构形状（倒角、圆角省略）。

阀体			比例	数量	材料	（图号）
				1	HT200	
制图			（校名）			
审核						

第 12 章　装配图

画装配图　12-1　根据轴测图和零件图拼画弹性辅助支承装配图

说明：

该部件的功能是：支承柱 5 由于弹簧 3 的作用能上下浮动，使支承帽能随被支承物体的变化而始终自位，起到辅助作用。调整螺钉 2 可调节弹簧力的大小。

作业提示：

1. 了解部件的功能，零件结构及其连接关系，选择表达方案。

2. 图纸幅面 A3，比例 2：1。

3. 先画主体零件底座 1，再将支承柱 5 装入。装入时，使支承柱尺寸 12 的 1/2 处对准底座上 M6 中心线处，其余零件按顺序装入，弹簧按压缩后画出。

4. 螺钉 4：M6×12（GB/T 75），尺寸查有关标准。

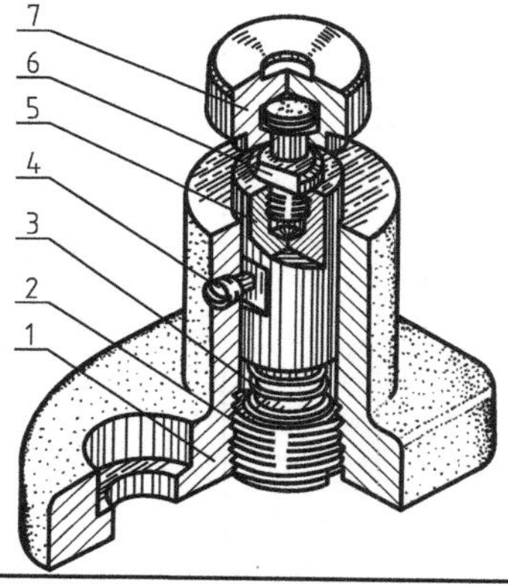

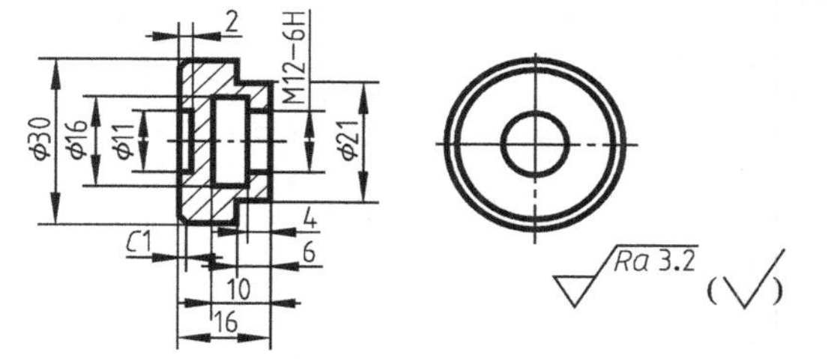

7	支承帽	45	1 件

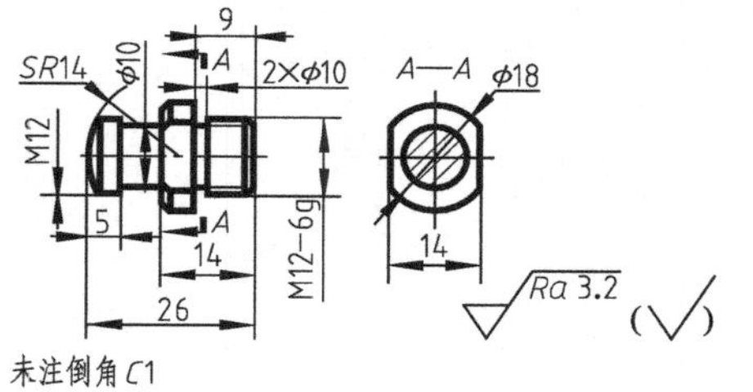

6	顶丝	45	1 件

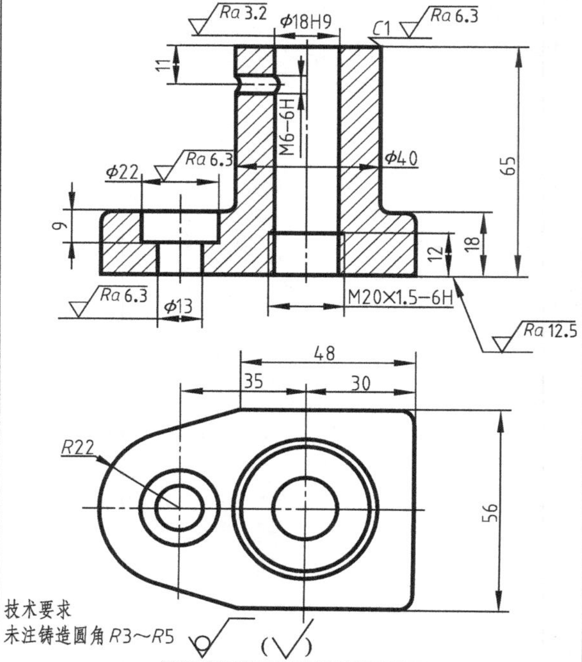

1	底座	HT200	1 件

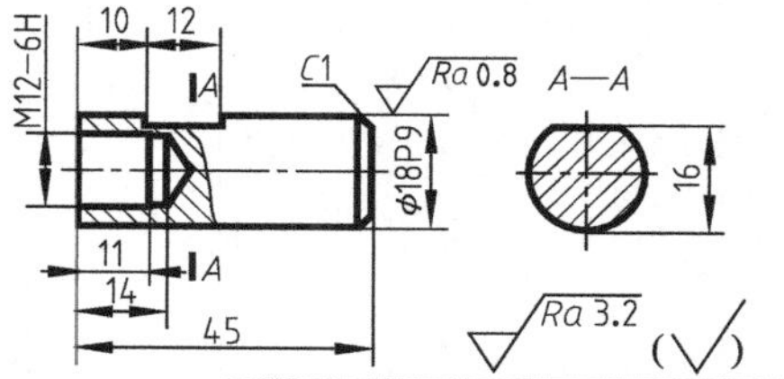

5	支承柱	45	1 件

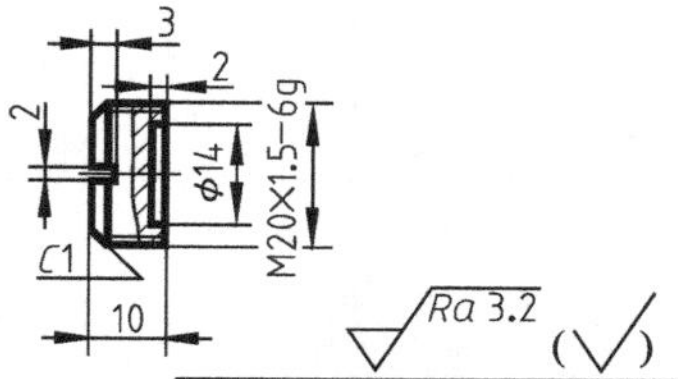

2	调整螺钉	35	1 件

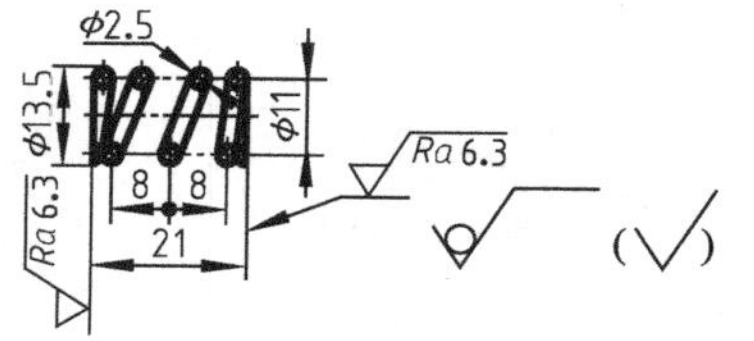

3	弹簧	65Mn	1 件

画装配图　12-2　根据轴测图和零件图拼画手压阀装配图

说明：

手压阀是开启或关闭液路的一种手动阀门。手柄向下压紧阀杆时，弹簧受压，阀杆向下移动，使入口和出口相通，阀门打开。松开手柄，因弹簧力作用，阀杆向上压紧阀体，入口与出口不通，阀门关闭。

作业提示：

1. 图纸幅面 A3，比例 1∶1。
2. 注意图面合理布置（图面较满）手柄可用折断画法。

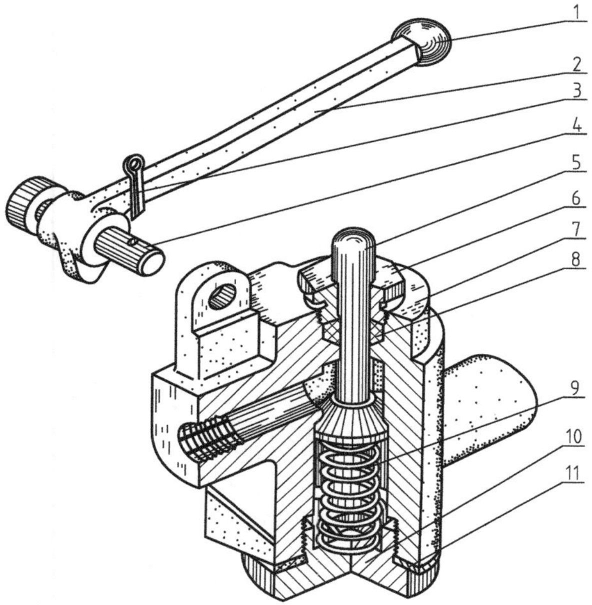

序　号	名　称	材　料	件　数
11	胶垫	橡胶	1
10	调节螺母	Q235A	1
9	弹簧	60CrVA	1
8	填料	石棉	1
7	阀体	HT150	1
6	锁紧螺母	Q235A	1
5	阀杆	45	1
4	插销	20	1
3	销 4×14	GB/T 91	1
2	手柄	20	1
1	球头	胶木	1

班级：　　姓名：　　学号：　　审核：

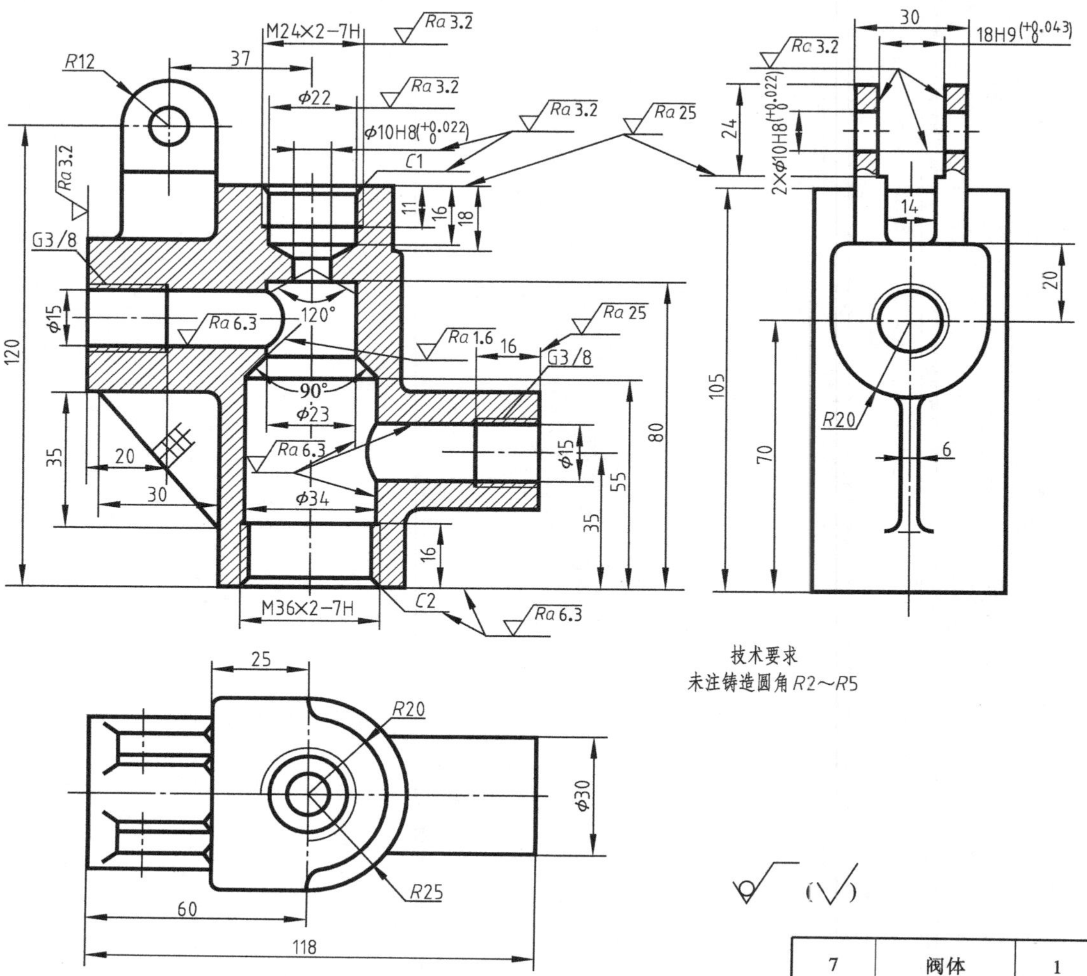

技术要求
未注铸造圆角 *R*2～*R*5

序号	零件名称	件数	材料	备注
7	阀体	1	HT150	

画装配图 12-2 根据轴测图和零件图拼画手压阀装配图（续）

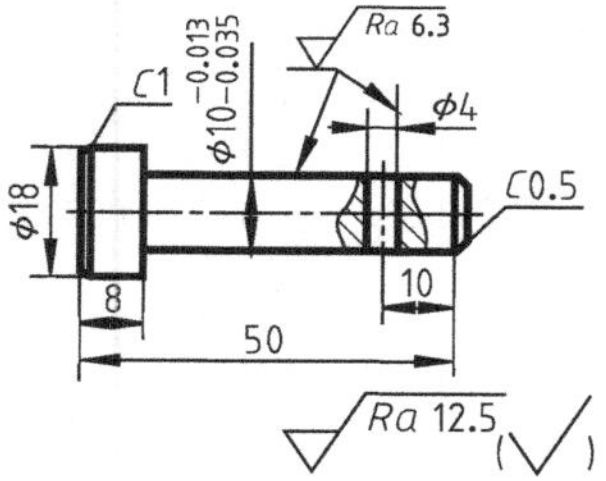

4	插销	1	20	
序号	零件名称	件数	材料	备注

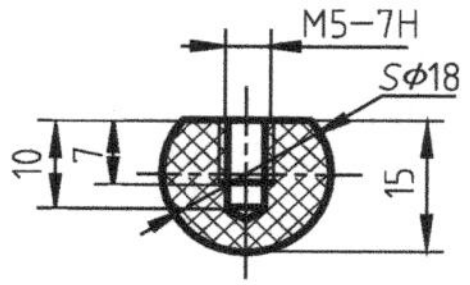

1	球头	1	胶木	
序号	零件名称	件数	材料	备注

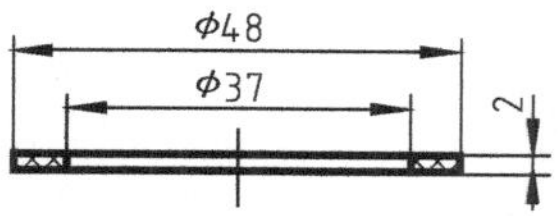

11	胶垫	1	橡胶	
序号	零件名称	件数	材料	备注

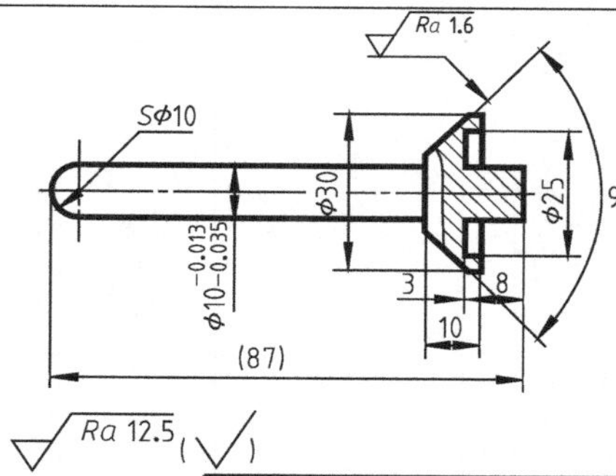

5	阀杆	1	45	
序号	零件名称	件数	材料	备注

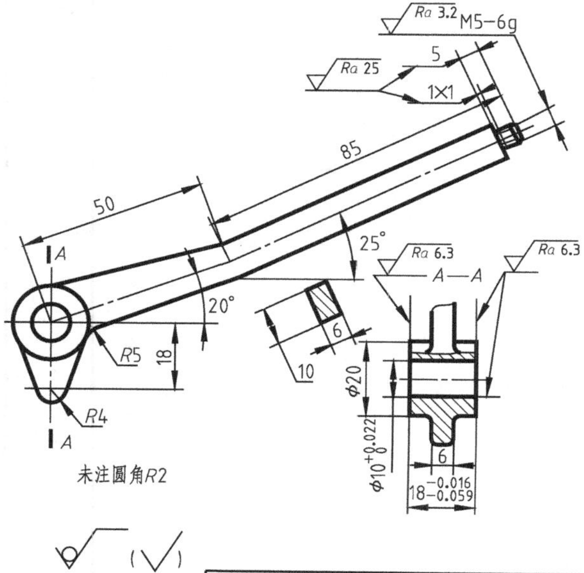

2	手柄	1	20	
序号	零件名称	件数	材料	备注

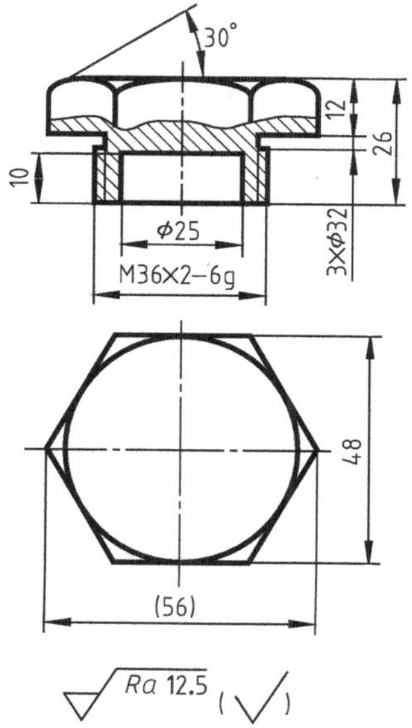

10	调节螺母	1	Q235A	
序号	零件名称	件数	材料	备注

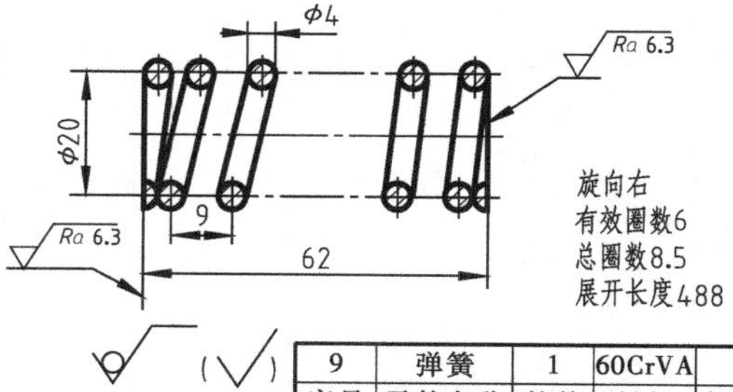

9	弹簧	1	60CrVA	
序号	零件名称	件数	材料	备注

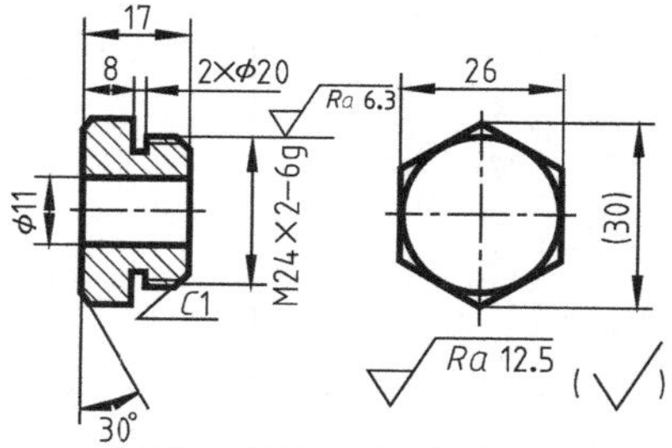

6	锁紧螺母	1	Q235A	
序号	零件名称	件数	材料	备注

班级：　　姓名：　　学号：　　审核：

画装配图　12-3　根据机用平口虎钳零件图画装配图

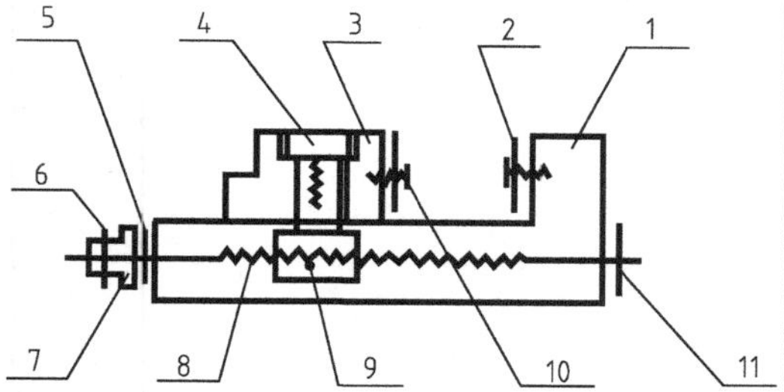

机用平口虎钳装配示意图

序号	名称	件数	材料	备注	序号	名称	件数	材料	备注
11	垫圈	1	Q235A		5	平垫圈 12	1	Q235A	GB/T 97.2
10	螺钉 M8×16	4	Q235A	GB/T 68	4	螺钉	1	Q235A	
9	螺母	1	35		3	活动钳身	1	HT200	
8	螺杆	1	45		2	护口板	2	45	
7	圆环	1	Q235A		1	固定钳身	1	HT200	
6	销 4×25	1	Q235A	GB/T 117					

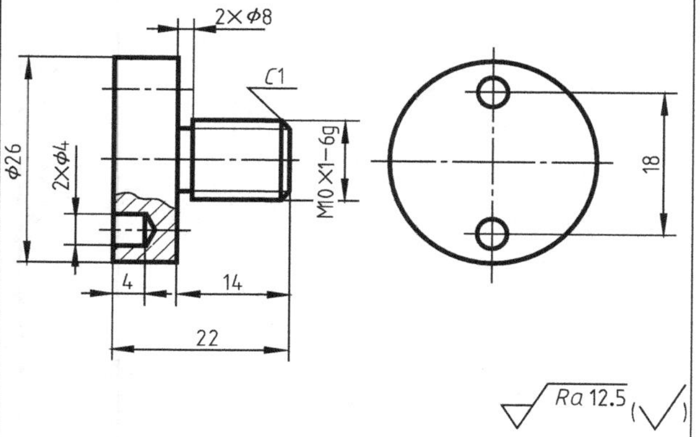

序号	零件名称	件数	材料	备注
4	螺钉	1	Q235A	

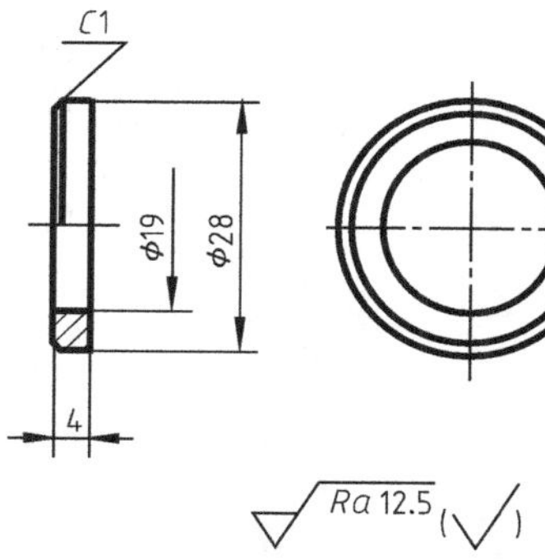

序号	零件名称	件数	材料	备注
11	垫圈	1	Q235A	

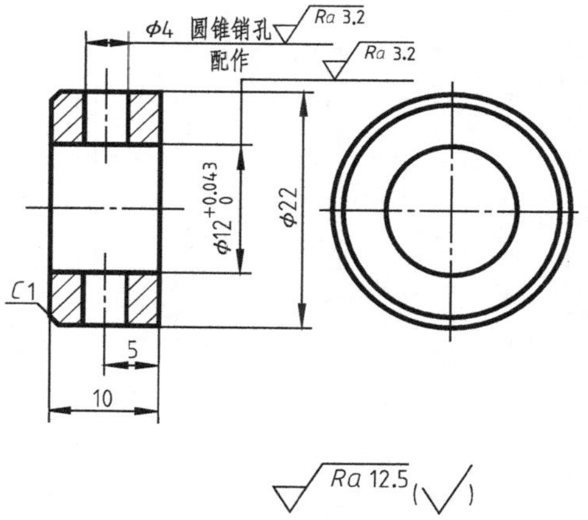

序号	零件名称	件数	材料	备注
7	圆环	1	Q235A	

班级：　　姓名：　　学号：　　审核：

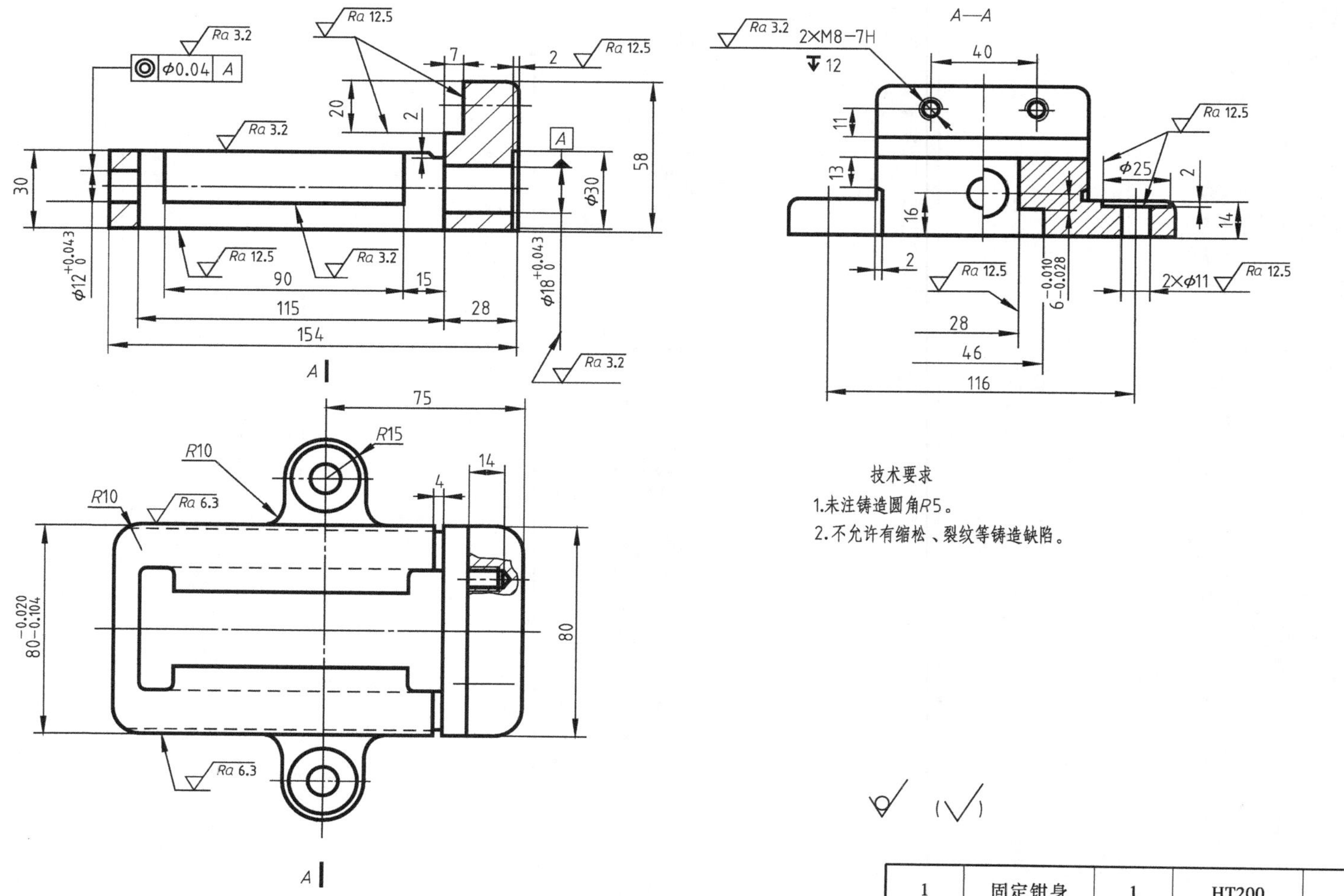

技术要求

1.未注铸造圆角R5。

2.不允许有缩松、裂纹等铸造缺陷。

1	固定钳身	1	HT200	
序号	零件名称	件数	材料	备注

班级：　　姓名：　　学号：　　审核：

1.

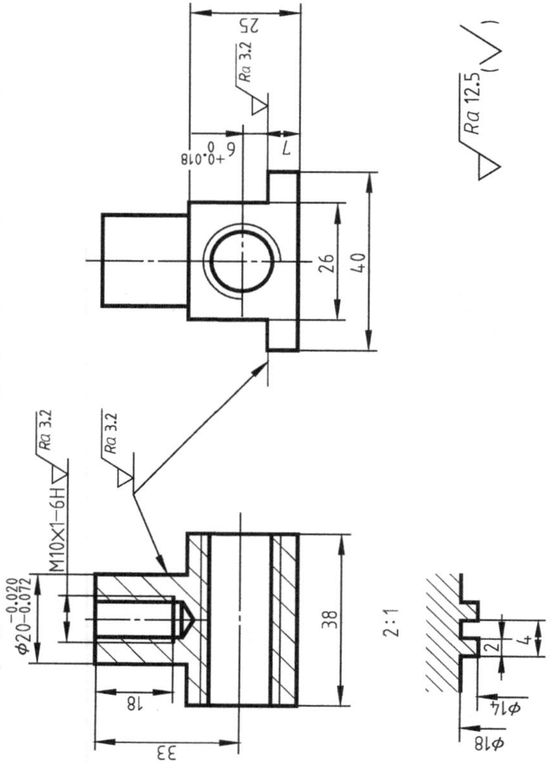

序号	零件名称	件数	材料	备注
9	螺母	1	35	

2.

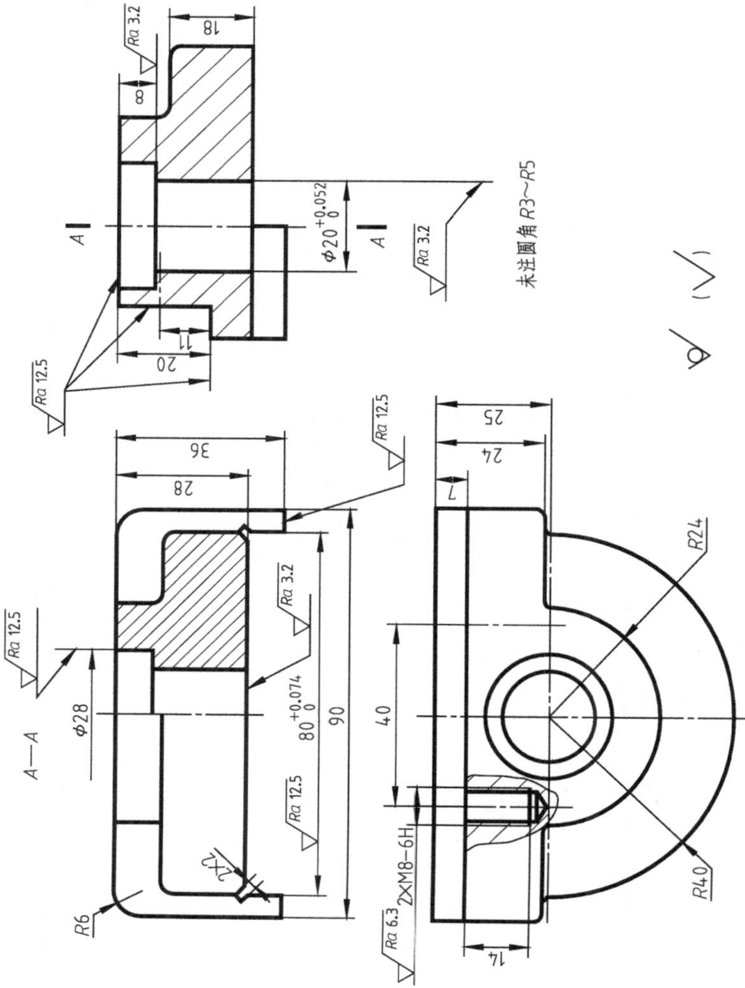

序号	零件名称	件数	材料	备注
3	活动钳身	1	HT200	

班级：　　姓名：　　学号：　　审核：

1.

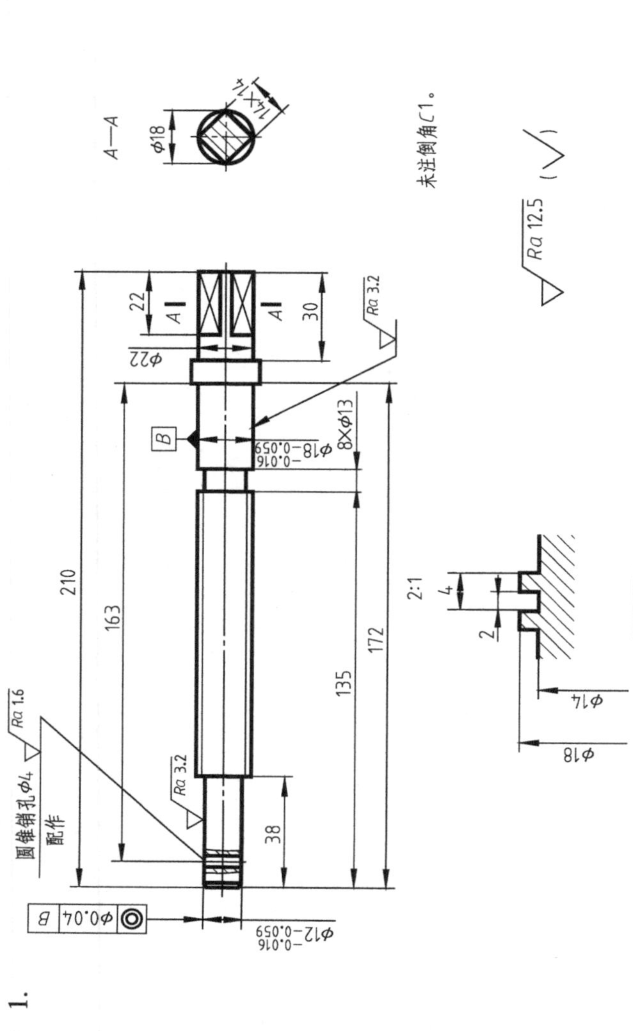

序号	零件名称	件数	材料	备注
8	螺杆	1	45	

2.

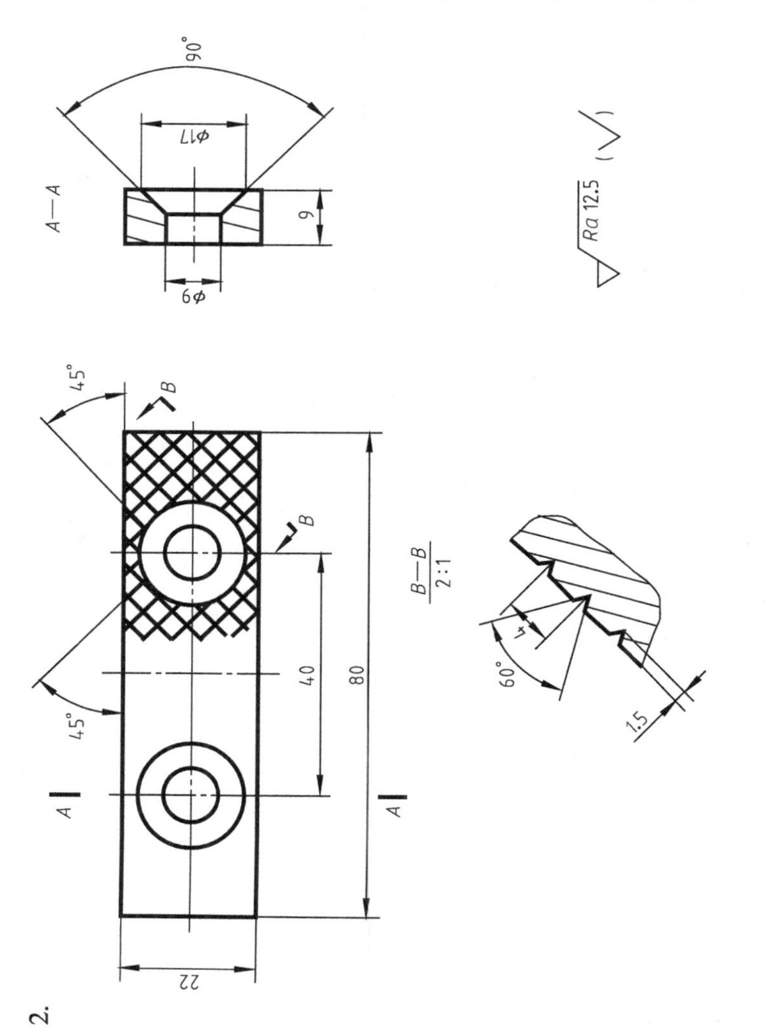

序号	零件名称	件数	材料	备注
2	护口板	2	45	

读装配图　12-4　读单向阀装配图

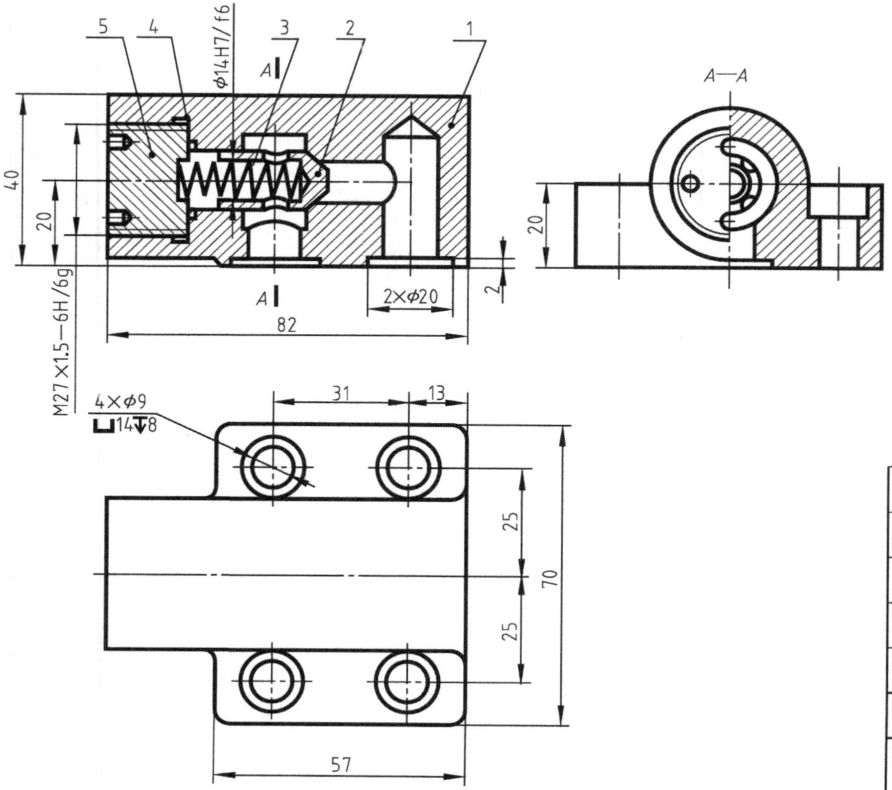

读单向阀装配图要求

1. 工作原理

单向阀底部带沉孔的左右两孔与油路接通后，由于阀 2 有弹簧力的作用向右关闭阀体孔，如右孔有压力油注入，当油压超过弹簧力时，阀被推开，则油流入左空腔经左孔输出。

如果油反向流动，则油的压力与弹簧力同时使阀 2 压往阀体孔，使油路关闭断开。油只能单向流经该阀，故称单向阀。

螺盖 5 底部装有外径为 ϕ20mm 的密封圈起密封作用。

2. 读图：填空、拆画零件图

（1）阀体 2 零件上径向有__________个孔。

（2）阀 2 和阀体 1 之间（ϕ14mm 处）为（何种性质）__________配合。

（3）拆画阀体 1 零件图（草图或仪器绘图）。

序号	名　称	数量	材　料	备　注
5	螺盖 M27×1.5	1	35	
4	O 形密封圈	1	耐油橡胶	G51-2
3	弹 簧	1	65Mn	ϕ0.8
2	阀	1	40Cr	
1	阀 体	1	HT200	

单 向 阀		比例	重量	共 张	（图号）
				第 张	
制图			（校名）		
审核					

读装配图　12-5　根据镜头架装配图，拆画 1 号零件（架体），要求画出视图，标注尺寸和技术要求

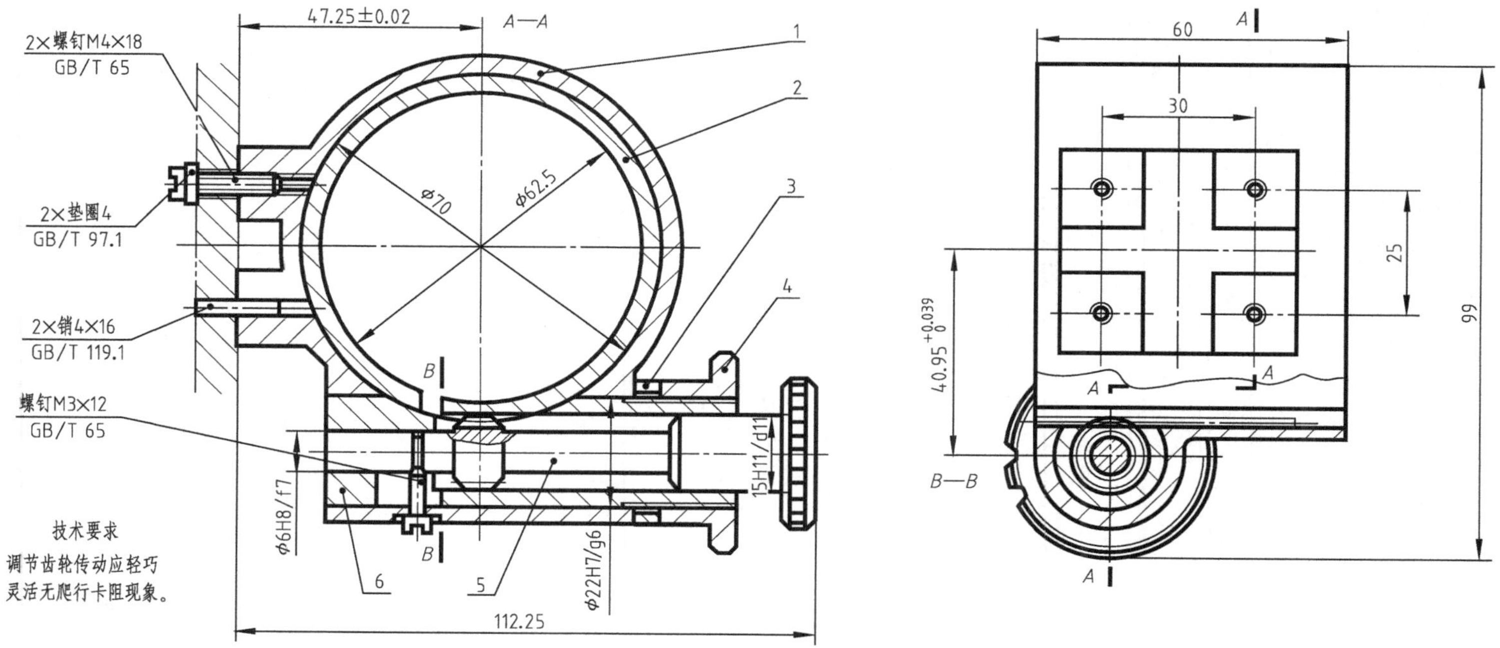

工作原理：镜头架是电影放映机上的一个部件。镜头架由 10 种零件（6 种非标准件和 4 种标准件）组成。镜头架的主视图完整地表达了它的装配关系。从图上可以看出，所有的零件都装在主要零件架体 1 上，并由两个销和两个螺钉在放映机上定位、安装。架体 1 的大孔（ϕ70mm）中套有能前后移动的内衬圈 2。架体的水平圆柱孔（ϕ22mm）的轴线是一条主要装配干线，在装配干线上装有锁紧套 6，它们是 H7/g6 的间隙配合，锁紧套内装有调节齿轮 5，它们的配合分别为 H11/d11、H8/f7 的间隙配合。当调节齿轮与内衬圈 2 就位后，以螺钉 M3×12 使调节齿轮轴向定位，锁紧套右端的外螺纹处，套有锁紧螺母 4，当螺母旋紧时，则将锁紧套拉向右移，锁紧套上的圆柱面槽就迫使内衬圈收缩而锁紧镜头。当旋转调节齿轮时，通过与内衬圈上的齿条啮合传动，就能带动内衬圈作前后方向的直线移动，从而达到调整焦距的目的。

6	锁紧套	1	LY102	
5	调节齿轮	1	ZL102	$m=0.6$　$z=22$
4	锁紧螺母	1	LY102	
3	垫圈	1	Q235A	
2	内衬圈	1	ZL102	
1	架体	1	ZL102	
序号	名称	数量	材料	备注

镜头架	比例	重量	共　张	（图号）
			第　张	
制图			（校名）	
审核				

班级：　　姓名：　　学号：　　审核：

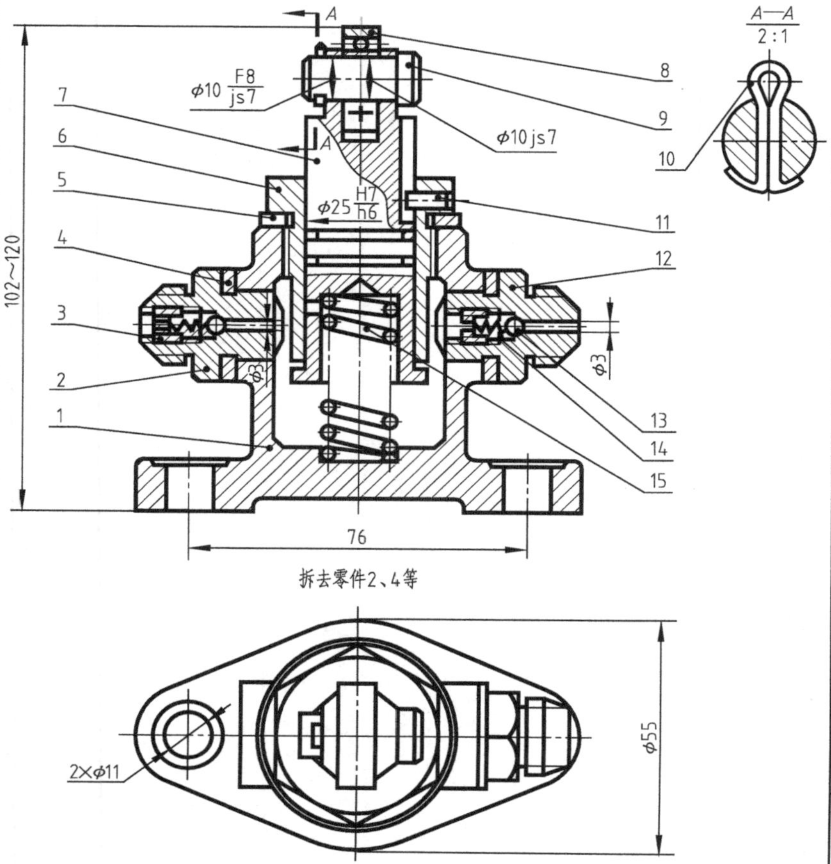

读图提示：1. 在外力作用下，柱塞 7 向下运动，泵体 1 内腔中的液体产生压力，当压力超过左边的弹簧力后，压力液体便会向左边 $\phi3$ 孔排出泵体。2. 当外力为零时，件 7（柱塞）在弹簧（件 15）的作用下向上运动，使泵体内产生负压，液体从右边进入泵体内腔。

15	弹簧	1	65Mn	
14	弹簧	2	65Mn	
13	钢球	2	GCr15	$S\phi5$
12	右阀体	1	35	
11	销 6 m6×10	1	45	GB/T 119.1
10	销 2×14	1	Q235A	GB/T 91
9	销轴	1	45	
8	轴承 6000	1	组件	GB/T 276
7	柱塞	1	45	
6	导向轴套	1	35	
5	铜垫圈	1	纯铜	
4	铜垫圈	2	纯铜	
3	丝堵	2		
2	左阀体	1	35	
1	泵体	1	HT150	
序号	名　称	数量	材　料	备 注

柱塞泵		比例	重量	共 张	（图号）
				第 张	
制图			（校名）		
审核					

班级：　　姓名：　　学号：　　审核：

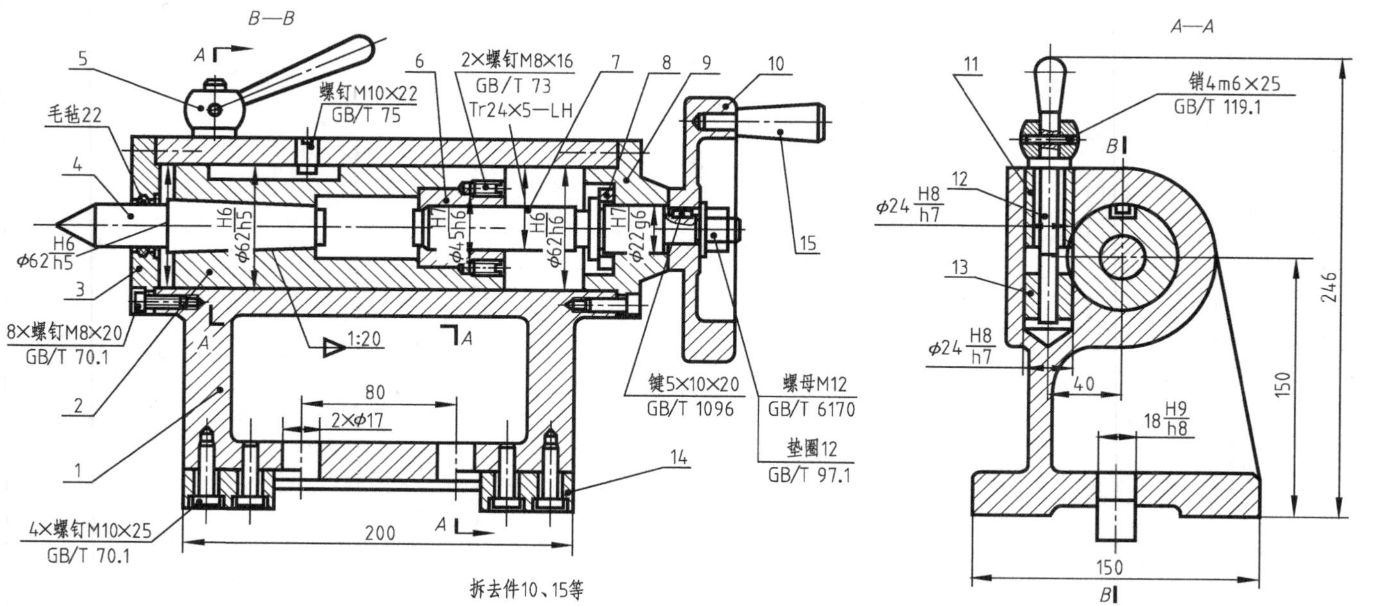

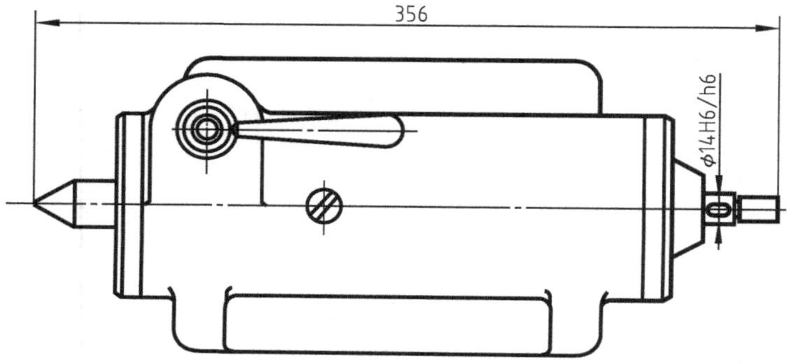

序号	名称	数量	材料	备注
15	手把	1	Q235A	
14	定位键	2	45	
13	夹紧套	1	Q235A	
12	螺杆	1	Q235A	
11	夹紧套	1	Q235A	
10	手轮	1	HT150	
9	后端盖	1	HT150	
8	垫圈	1	Q235A	
7	螺杆	1	45	
6	螺母	1	ZCuSn10Zn2	
5	手柄	1	45	
4	顶尖	1	T12A	
3	前端盖	1	HT150	
2	轴套	1	45	
1	尾座体	1	HT200	

仪表车床尾座	（图号）	比例	
		重量	
制图		（校名）	
审核			

班级：　　　　姓名：　　　　学号：　　　　审核：